岩波科学ライブラリー 214

仲間とかかわる心の進化

チンパンジーの社会的知性

平田 聡

岩波書店

はじめに

　はじめてチンパンジーを間近に見たとき、とても不思議な感覚にとらわれた。姿形も振る舞いも、なんとも人間に似ている。しかし、それはチンパンジーであって、人間ではない。私をじっと見つめるチンパンジーのその瞳の奥に、深い思考がある気がした。何を考えているのだろうか。

　私は子どもの頃からチンパンジーの研究者を目指していたわけではない。もともとは、数学や物理に興味があった。数理の証明問題を解くのが好きだった。大学に入ってしばらくも、そうした興味は続いた。水素原子の状態は、シュレディンガー方程式で解くことができる。物体の運動は解析力学で表すことができる。しかしやがて、ふと疑問に思った。原子の状態や物体の運動は数式で表せるかもしれないが、数式を解いている自分の頭の中、あるいは人の心はそう簡単に数式で解くことができない。数式に表せない心の状態は、どうやって理解したらいいのだろうか。そんな疑問を抱いていたとき、ヒト以外の霊長類を研究する学問のことを知った。サルの仲間を研究することを通して、人間のことを知る。自分の頭の中のこと、心のことを知るには、ヒト以外の霊長類の行動や心を調べることが有効だ。霊長類学に興味を引かれて、その道に進んだ。

なかでも特に「社会的知性」とよばれるテーマに焦点を当てた。社会的知性とは、仲間との暮らし、仲間とのかかわりあいの中で発揮される知性のことだ。「社会的知性仮説」とよばれる仮説がある。ヒトの高度な知性は、社会的な場面で発揮される知性が原動力となって進化した。そう主張する仮説である。ヒトを含めた霊長類の多くの種《しゅ》は、複数の仲間が集団を作って暮らしている。その中で生きるためには、相手に応じて付き合い方を調整していかなければならない。誰がいつ何をしたのか。誰々はどんな性格なのか。社会の中で複雑なやりとりをおこなうには、記憶力、判断力など、高度な知性が要求される。そうした社会的な要因が核となって、知性が進化した。社会的知性仮説の描くシナリオはこのようなものである。

そうした学説を持ち出すまでもなく、ヒトが社会の中で生きていることは誰にとっても明らかなことだろう。われわれは、日常生活のいろいろな場面でいろいろな人と協力し、助けあって生きている。「人」という漢字は、ふたりの人が互いに支え、支えられている姿を表す。よく聞く話だが、実はこれ、「人」という漢字の成り立ちとしては間違った説、俗説だそうだ。この俗説の由来は、新渡戸稲造の著書『世渡りの道』にあるらしい。新渡戸は、この著書の中で、「ある説文学者の説」として、人という漢字の成り立ちについて書いている。曰《いわ》く、人という字は二本の棒より成り、両者が支えつ、支えられつつして、人という字を構成している、と。新渡戸自身はこの説が正しいとは思っていないようだが、「人の人たるゆえんを、教訓的に説明したもの」と結んでいる。「人」という漢字の由来として正しいのは、ひとりの人が立っている姿を横から見たものなのだそうだ。そうした本当の漢字の由来は別として、人は支えあい、協力して生きている。それはゆるぎない真実だろう。

それでは、ヒトだけが協力する生き物なのだろうか。ヒトに最も近い生き物であるチンパンジーはどうなのだろうか。チンパンジーは、仲間たちとどんなかかわりをもって生きているのだろうか。本書では、そんな疑問に端を発する研究について紹介していきたい。チンパンジーは、約700万～500万年前にヒトとの共通祖先から分かれた。いま地球上に生きている生き物の中で、ヒトから見て最も近い関係にある生き物だ。そんなチンパンジーを見ることを通して、私たち人間のことをいつもとは違う角度から考え、理解するきっかけになれば幸いである。

目次

本文イラスト＝川野郁代

1 協力とあざむき

協力するのは人間だけ？

ミズキの目の前に、地面に置かれた重たい石があった。石の下には穴がある。穴の中にはバナナがある。ミズキはそれを知っていた。石の下のバナナを手に入れようと、ミズキはしばらくの間、ひとりで石を動かそうと力を込めた。しかし石はビクともしない。それもそのはず、もともとミズキひとりでは動かせない重さにしていたからである。

ミズキはふと、こちらを見上げた。私は、ミズキから少し離れたところに立っていた。ミズキは、すたすたと私のほうに近寄ってきて、私の手を取って引いた。手を引かれるまま、私はミズキについていった。ミズキは、重い石のある場所に到着して、石を動かそうとし始めた。私も手伝った。ふたりで協力して、石を動かすことができた。ミズキは、無事にその下のバナナを手に入れた。

私が、林原類人猿研究センターでチンパンジーの協力行動の研究をしていたときの一コマ

ミズキは私の手を取り，石のある場所へ引いていった

だ。ミズキはもちろんチンパンジーの名前である。われわれ人間は、日常のいろいろな場面で他人と協力する。重い荷物を一緒に持ったり、一緒に料理をしたり、役割分担して仕事をしたり。では、協力することは、ヒトだけの特徴なのだろうか。ヒト以外の動物は協力しないのだろうか。ヒトに最も近い生き物であるチンパンジーを相手に、確かめてみたいと思った。それが、ミズキを相手にした研究の発端である。

ただし、かなり前にも、チンパンジーの協力行動を調べた研究者はいた。１９３０年代にアメリカでおこなわれた研究、１９９０年代にフランスでおこなわれた研究などである。こうした研究で、チンパンジーが他者と一緒に何かをするという協力行動をおこなうことはある程度示されていた。そうした過去の例を参考にしながら、まずは自分なりに研究場面を作ってみることにした。

一緒にやろうとしないふたり

最初は、ミズキとツバキというふたりのチンパンジーに参加してもらうことにした。つまり、ふたりのチンパンジーが協力することがあるのか、確かめてみようというわけだ。当時ミズキは6歳、ツバキは7歳で、ともに女の子である。

状況設定は、おもには冒頭に記した通りだ。ツバキやミズキがふだん過ごしている屋外運動場を研究場所とした。運動場の地面の1箇所に、穴を掘った。そして、穴の中に食べ物を入れる。その穴の上に石をのせ、蓋《ふた》にした。石を動かせば、穴の中の食べ物を手に入れることができる。石を丈夫なネットで包み、その周囲にたくさんの取っ手を付けておいた。どれか取っ手を持って引っ張れば、石を動かすことができる。

まずは、チンパンジーひとりだけでも動かせる軽い石を使って練習した。ツバキとミズキ、それぞれひとりでの練習である。これはチンパンジーにとっては簡単なことだ。ミズキもツバキも、石を動かして穴の中の食べ物を取ることをすぐに覚えた。

そのうち徐々に石の重さを重くして、チンパンジーひとりだけでは動かせない重さにした。「徐々に」というのは、実は私にもチンパンジーがどれくらいの力があるか正確に分からなかったからだ。私にとっては非常に重たい石で、ミズキもツバキも動かせないだろうと思っても、やってみたら動かせた、ということが何度も続いた。最終的に、石の重さは100キログラムを少し超える程になった。ツバキもミズキも、まだ子どもだったが、すでに人間の大人の男性より力持ちだった。

石の重さを100キロ超にしたところで、ミズキとツバキのふたりを一緒にしてみた。はたしてふたりは協力するだろうか。私は、ビデオカメラで記録しながら、固唾《かたず》をのんで見守った。

しかし、いくら待っても、ふたりが一緒に石を動かそうとする気配がない。むしろ、互いに避けあっている様子だ。ツバキが石を引っ張ると、ミズキはそばで見ているだけ。ツバキが手を止めると、やおらミズキが引っ張ろうとする。そこでツバキが引っ張ろうとすると、ミズキは手を止める。

やがてふたりは、あきらめて他のことをしはじめた。いったん打ち切って、次の回に期待をしたが、結果は同じだった。協力する気配がない。その次もうまくいかなかった。

そうだ、自分が協力相手になろう

ミズキとツバキのふたりでは埒《らち》があかなさそうなので、方針転換することにした。私が協力相手になってみよう、と思いついたのだ。ミズキと私の協力、ツバキと私の協力、という具合である。ただ、ツバキはその後、途中であまりやる気がなくなってしまったので、それは割愛して、以降ではミズキの話だけにする。

私とミズキが協力するというとき、私がただチンパンジーに合わせて成功させてもつまらない。それではミズキに協力する気がなくても「成功」してしまうことがあるだろう。そこで、こんなテストをしてみた。私は、チンパンジーの動きとは関係なく、一定時間ごとに石を引っ張ったり、何もせずに止まってみたりした。もしもミズキが私と協力することを最初から理解すれば、私が石を引っ張るタイミングに合わせて、ミズキも石を引っ張るはずだ。だが結果は、そうはならなかった。つまり、ミズキが私のタイミングに合わせて引っ張ることはなかった。ミズキは、私の動きとはまるで無関係に少しだけ自分で石を引っ張ってみて、重くて動かないと知るとすぐにあきらめてしまった。

そこで、少し訓練して、私と一緒に石を引っ張ることに慣れてもらうことにした。石を再び軽くして、ひとりでも引っ張れる重さにしておいた。ミズキは自分ひとりで石を引っ張ろうとする。そうしてミズキがひとりで引っ張っているところに、私が半ば強引に割り込んで、一緒に石を引っ張る。私と一緒に引っ張らなくても、ミズキひとりだけで石は動くのだが、あえて私も一緒に石を引っ張ることで、「協力して石を引っ張る」という見かけの形を作ってみたわけだ。

そのあと再び、石の重さを徐々に重くして、最終的に100キロ超に戻した。それまでと同じように、ミズキは石を引っ張って動かそうとする。それに合わせて私が一緒に石を引っ張り、石を動かす。すると重い石が動いて、ミズキは穴の中の食べ物を手に入れることができる。

ところで、もしこれがヒト同士なら、協力して手に入れた食べ物を互いに分け合うところだろう。しかしミズキは、自分ひとりだけ食べて、私に分けてくれることはなかった。チンパンジーにとって、他者に食べ物をあげるというのはとても稀な行動である。そうしたチンパンジーの性質が一因にあると思う。ただ、ミズキは研究所で人間の環境に飼われているチンパンジーであるということも考える必要があるだろう。普段から、人間に食べ物をもらうというのはごく当然のことである。逆に人間に食べ物をあげるというのは不要なことだ。協力の実験で私に食べ物を分けてくれなかったのも、そうしたことからかもしれない。

相手に合わせる、相手を誘う

さて、私とミズキが一緒に石を引っ張るという形ができたところで、再びテストしてみた。それまでは、私がミズキの引っ張る方向とタイミングに合わせていた。今度は、ミズキが私に合わせられるか、というテストだ。

私は、あらかじめ決めておいた適当な方向に、ミズキとは無関係に石を引っ張る。ミズキは、最初は明らかに理解していなかった。私が引っ張る方向とは無関係に、ときには正反対の方向に引っ張ろうと頑張っていた。ただ、試行錯誤をして引っ張る方向を変えるうちに、たまたま私と方向が合って成功した。

そうしたことを繰り返していくうちに、私を協力者として方向を合わせて引っ張ることを理解したようで、すんなり同じ方向に引っ張るようになった。ミズキが私の動きに合わせるようになったということである。

次に、もう一段進んだテストをしてみた。私は、石から離れたところに、知らんぷりをして立っている。ミズキが私を積極的に誘うかどうかを確かめようとした。そのテストの最初の結果が、冒頭に記したものである。ミズキは、すこしのあいだ自分ひとりで石を引っ張ったのち、立っている私の手を引いた。一緒にやろう、と誘う行動である。内心「やった！よかった！」と思った。しかしこれは研究であり、私は実験者である。実験中に過剰に感情表現するわけにはいかない。内心では喜びながら、表には出さず、私はミズキに淡々と従う実験者を装った。

まとめよう。ミズキは、最初は相手と協力することを理解しなかった。しかし、繰り返すにつれてやがて理解が進んだ。そして、相手の動きに合わせることを覚えた。さらには、動いてくれない相手を誘うこともできた。

実験は成功したが、石が重すぎる

ひとつ、この研究には難点があった。人間にとって石が重すぎるのである。ミズキひとりで動かせない重さとなると、１００キロを超えた。これを準備するのが大変だ。研究場所であるチンパンジーの運動場にこの石を運び込むのに、毎回苦労した。私ひとりで準備するわけではなく、協力者を募って何人かで運んだ。当然、われわれは人間だから「協力」することができ、実際に協力して石を運んだが、それでもやっぱり重たいものは重たい。チンパンジーの協力行動を研究するために、その準備段階で人間の側の多大なる協力が必要だった。

重い石を使った実験をおこないながら、何か別の手はないかと考えていた。夜な夜な考えているうちに、ふとこんな仕掛けを思いついた。文字で説明するのは難しいのだが、書くと以下のようになる。

台の上に食べ物がある。この台は、チンパンジーのいる部屋の外にあって、手が届かない。台には側面に穴が開けてあって、一方の側面から反対の側面に穴が貫通している。この穴に、1本の長いひもを通す。ひもの両端を、チンパンジーのいる部屋の下部の隙間を通して、部屋の中に伸ばす。このひもの両端を一緒に引っ張ると、台を引き寄せて、台の上の食べ物を手に入れることができる。部屋の下部の隙間から食べ物を取ることができるようになっている。もしもひもの片方の端だけを引っ張ると、ひもだけがスルスルと台の穴を抜けて、台は動かない。要するに、長いひもの両端を同時に引っ張ると食べ物が手に入るが、片方の端だけを引っ張ってもうまくいかない。最終的には、ひとりが片方の端しか一度に持てないように工夫すれば、台を重くしなくても(!)引き寄せるのに協力が不可欠になるという仕掛けだ。

先に説明した、重たい石を使った実験では、人間が協力者になれば相手に合わせたり相手を誘ったりするところまでいったが、ミズキとツバキのふたりでは協力のそぶりは見られなかった。つまり、チンパンジー同士の協力は見られないまま、あきらめた。今回の、台とひもの実験では、そこを再挑戦した。ツバキとミズキのふたりではたして協力できるだろうか。

まず、ツバキとミズキをそれぞれひとりずつ練習させた。ひもの両端を引っ張って台を引き寄せることを覚えてもらう。最初はひもの片端だけ引っ張って失敗することもあったが、繰り返すうちにうまくできるようになった。

協力しないと引き寄せられない「ひも引き協力装置」

そのあと、台を2つ棒でつなげて、イラストのような装置にした。2つの台は、チンパンジーひとりが両手を伸ばした距離より広く開けて、1本の棒でつながっている。そして、2つの台の穴を両方通るように、1本の長いひもを渡して、ひもの両端をチンパンジーのいる部屋の中に伸ばした。チンパンジーひとりでは、ひもの両端を同時に持って引っ張ることはできない。ふたりで協力することが必要だ。

ついにチンパンジー同士が協力

最初は、ひもの長さを最小限にした。一方の端を少しでも早く引っ張ると、もう片方の端が部屋の外に出てしまって、手が届かなくなる。うまく台を引き寄せるには、ツバキとミズキがタイミングを合わせて、ひもの端を同時に引っ張る必要がある。台とひもと食べ物の準備が整ったところで、ミズキとツバキの自由にさせた。

期待して見守ったが、最初は残念ながら、うまくいかなかった。ふたりでタイミングを合わせることはなく、どちらかが早くひもの片端を引っ張ってしまって、失敗が続いた。そのうちすぐに、完全にあきらめてしまった。

やはり、チンパンジー同士では協力することができないのか。そこにチンパンジーとヒトとの違いがあるのだろうか。私は、今度は簡単にあきらめずに、続けてみることにした。重たい石の実験と違って、この「ひも」の実験は利点があった。仕掛けが簡単なので何度でも繰り返すことができる。だからチンパンジーに多くの経験を積んでもらうことができる。さらに、ひもの長さを調整することで、やりやすさを変えることもできる。

今度は、ひもの長さを少し長くして、余裕を持たせてみた。片端を少し早く引っ張っても、長さに余裕があるので、もう片端はまだ部屋の中に残ることになる。そうすると、うまくいった。よかった。ツバキとミズキのふたりでなんとか成功することができた。

ただ、その中身を見てみると、「協力」ということを完全に理解しているわけではなさそうだった。ツバキもミズキも、最初は相手の動きに合わせる努力はまったくしない。相手のことを見ずに、ひもの片端を自分勝手に引っ張る。成功するかは、運次第。運良く反対の端を相手が持っていれば、うまく自分側の台を引き寄せることができ、台の上の食べ物を手に入れることができる。さらに、たまたま両者がひもを引っ張るタイミングが合えば、2つの台が同時に引き寄せられて、一方の台の食べ物をツバキが、他方の台の食べ物をミズキが手に入れることができる。逆に、ふたりのタイミングが合わず、うまくいかないこともあった。相手がひもを持っていないのに、自分は片端だけを引っ張り続けて、ひもだけが抜けてしまう。最初の頃はツバキもミズキも相手を見ずに自分勝手にひもの片端を引いていたので、こうした失敗がよくあった。

相手の行動をよく見てタイミングを合わせるようになった

繰り返すにつれて、成功する割合も増えていった。そして、この条件で開始して13日目を過ぎたあたりから、相手をよく見て、タイミングを合わせるようになった。たとえば、ミズキが片方の端を持つ。このときツバキはまだひもの場所に到着していない。そこでミズキは、ツバキのほうを見ながら、ツバキが到着するまで待つ。ツバキがひもの反対の端を持ったのを確認したところで、ミズキもひもを引っ張る。ツバキも同時にひもを引く。こうして2つの台が引き寄せられ、両者ともそれぞれの台の上の食べ物を手に入れることができる。

続けているうちに、相手とタイミングを合わせる必要があることを理解したようだった。チンパンジー同士で、相手の行動をよく見て、相手に合わせて動作をすることができるようになった。

ただし、相手に誘いかけたり、ひもを引く前にアイコンタクトを取ったりする行動は一度も生じなかった。ヒトであれば、ひもを引く前に相手の顔を見て目くばせしたり、「せーの」とかけ声をかけたりして、両者のタイミングを合わせようとする努力をするだろう。そうしたコミュニケーションはチンパンジー同士では見られなかった。

仲の良いもの同士は協力が成功しやすい

台とひもを使ったこの研究は、簡単である。重たい石を用意する必要はない。材料も安くすむ。海外の研究者も、おなじ仕掛けで研究をするようになった。そして、この仕掛けは、英語でヒラタ・メソッドもしくはヒラタ・アパレイタス、和訳すると平田の装置とよばれるようになった。

ヒラタ・メソッドを使った海外の研究をいくつか紹介しよう。ただ、自分でヒラタ・メソッドと連呼するのは気恥ずかしいので、以降は「ひも引き協力課題」とよぶことにする。

まずは私と同じくチンパンジーの研究から。ドイツのマックスプランク研究所、マイケル・トマセロ率いるグループの研究だ。複数のチンパンジーのペアが参加した。

それぞれのペアには相性がある。仲の良いペアもあれば、そうでないペアもある。ペアの仲の良さを、「寛容度」という指標で事前に測っておいた。簡単に言えば、ペアのふたりが一緒に並んで食べ物を食べることがあるか、という指標だ。寛容度が高く、仲が良ければ、一緒に食べる。寛容度が低ければ、ケンカしたりして、一緒には食べない。こうして、それぞれのペアごとに、寛容度を算出しておく。

そして、ひも引き協力課題をおこなう。すべてのペアで課題に成功するわけではない。うまくいくペアもあれば、そうでないペアもある。そして、ペアごとの寛容度と、ひも引き協力課題での成功率との関係を見てみた。すると、強い関係があることが分かった。寛容度の高いペアほど、ひも引き協力課題の成功率が高い。

さらに別の条件で、協力相手としてふたりの候補のうちひとりを選べるような状況にすると、過去の経験で成功率の高い相手を選ぶことが分かった。ひも引き協力課題に成功するには相手が必要であり、そして、どの相手と一緒にやればよいのかをチンパンジーが理解していることを示す結果である。

ボノボ、カラス、ゾウはどうか

次はボノボを対象とした研究。これもマックスプランク研究所のグループの研究だ。ボノボは、チンパンジーと姿形が似ているが、別の種である。先に紹介した研究と同様、寛容度と協力との関係を調べたものである。まず、チンパンジーとボノボの寛容度の違いを比較した。その結果、ボノボの方がチンパンジーより高い寛容度を示した。つまり、ボノボの方が、チンパンジーに比べて、ふたりが互いに近い距離で一緒に食べ物を食べる割合が高かった。そして、ひも引き協力課題においても、ボノボの方がチンパンジーより全体的に成功率が高かった。

それから、カラス。実験の結果、8個体のカラスが、ひも引き協力課題で他のカラスと一緒にひもを引っ張ることに成功した。ただし、一方のカラスがひものある部屋に遅れて入るようにしても、もう一方のカラスは相手を待つことなくひもを引き、成功しなくなった。さらに、ひもの両端の間隔を操作して、協力が必要な場合と1個体でもできる場合との2種類の選択肢がある状況でテストをしてみたところ、カラスは相手の協力が必要な場合とそうでない場合を区別して理解していないことが示唆された。こうしたことから、カラスも確かに見かけの上ではひも引き協力課題に成功することができるものの、課題をきちんと理解しておらず、その点ではチンパンジーと違うと言える。

最後は、ゾウ。ゾウは、言うまでもなく、体が大きい。ヒラタ・メソッドの装置も、それに合わせて巨大に作られた。ただし、重たい石の実験よりははるかに楽である。もしも重たいものを協力して動かす仕掛けを作ろうとしたらゾウ相手では大変なことになる。研究の結果、ゾウがふたりでタイミングを合わせてひもを引っ張るようになった。そして、相手が遅れると、ちゃんと相手を待つようになった。高い知性を、ゾウも秘めているようだ。

これは「協力」なのか

ここまで、石を動かす課題と、ひもを引く課題の、2つの研究課題の話を書いてきた。読みながら、疑問を抱いた人も多いのではないだろうか。これは本当に「協力」なのか、と。私たち人間がおこなう協力と少し中身が違うのではないか。

確かに人間が普通に考える協力とは少し違う。私のおこなった研究で、実は2つの課題場面ともに、チンパンジーは自分のために行動していると言ってよい。つまり、自分で食べ物を得るために目の前の重い石を動かそうとし、目の前のひもを引いている。そこに2個体がいることで、結果的に「協力」に見えている。

ここで言う協力は、われわれ人間が普通に考える協力のひとつの側面だけを切り取って、「他者と一緒に行動することで、ひとりでは達成できない目標を達成すること、もしくはひとりでおこなうと効率の悪い行動を、他者と一緒に行動することで効率良くおこなうこと」

と考えたものだ。

研究の結果、チンパンジーは確かに成功した。相手を見て待ったり、相手を誘ったりしたことは、チンパンジーの社会的知性を考える上で重要な示唆を与えるものであるが、なぜこういう行動が出現したのかと問えば、その答えは「自分のため」ということになるだろう。ここで、他者は単に自分の目標を達成するための道具にすぎない。

そして、いずれの課題においても、最初はうまくいかなかった。それは、ふたりのチンパンジーが同じ課題に向かう、ということが成立しなかったためである。ふたりが一緒に行動するよりもむしろ、互いに避けあっていた。そこで、ふたりが同じ課題に向かう、ということを成り立たせるために、ひとりでも解決可能な段階を踏むことにした。相手がいるいないにかかわらず自分のためにやる、そしてそこに相手もいる、という状況を作ることによって、ふたりが同じ課題に向かうように仕向けたわけである。ふたりの寛容度を高める人為的操作をした、と言い換えることもできるだろう。こうした最初の段階では、相手の行動が課題解決にとって必要であることは理解していなくとも、見かけ上の「協力」が成り立つ。

ふたりの寛容度が高い場合、このふたりが同じ場所で同じ課題に向かう、ということが成立しやすい。そして、課題の中で、両者とも自分のために行動していたとしても、見かけ上の協力が成立する結果となりうる。相手を道具のように扱って課題を解決するわけである。普通は道具と言えば「物」だが、他者を道具にしているという点で、社会的な道具と言える。

人間は、同じ意図をもち、相手のために協力する

しかし、ヒトの協力行動の場合、他者は単なる社会的道具ではない。ひとつの目標を他者と共有し、そして他者のために行動することで協力行動が成立する。ヒトは他者と意図を共有するのに対して、チンパンジーはその能力を欠いているという指摘がある。私の研究で、重い石の課題でも、ひも引き協力課題でも、チンパンジーは相手と互いに合わせるためのコミュニケーションをとらなかった。相手と意図を共有するための積極的な行動をとらなかった。この点で、ヒトとチンパンジーの違いがあるようだ。

もうひとつ言えるのは、われわれが「協力」と言うとき、それは、「相手のために何かをする」という意味合いを多分に含んでいるということだろう。いわゆる「利他性」の問題である。チンパンジーは利他的に振る舞うことがあるのか。この点については、私の研究ではそのものずばりを調べることは想定していなかったので、是とも非とも言えない。いま、国内外で利他性の研究がいろいろおこなわれているところである。今後の研究の展開を待つとしよう。

宝探しゲーム

ここまで、協力の話をしてきた。次は、その正反対の話をしよう。協力ではなく、競合だ。

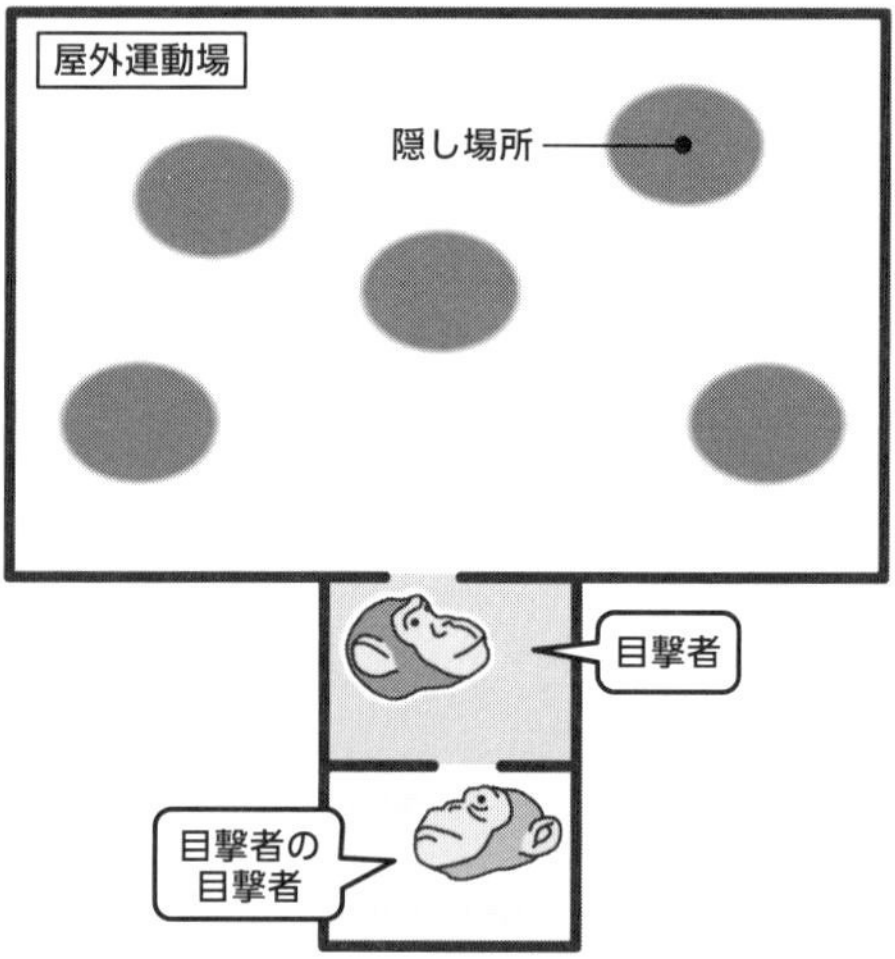

宝探しゲーム

他個体と競合的な場面になったときのチンパンジーの行動を調べようというものである。

京都大学霊長類研究所で、ふたりのチンパンジーをペアにして「宝探しゲーム」という研究をおこなった。ここでいうお宝は、チンパンジーの食べ物、バナナだ。屋外の運動場に、バナナを隠すための装置を5箇所設置した。

まず、私が5箇所の隠し場所のうちどこか1箇所にバナナを隠す。どこに隠すかは、その日その日で変わる。バナナを隠しているあいだ、ふたりのチンパンジーは、それぞれ別々に屋内の部屋にいる。ひとりは、「目撃者」である。目撃者は、運動場の様子を、部屋のドアの隙間から見ることができる。どこにバナナを隠したのかを見ることができるわけだ。もうひとりは、「目撃者の目撃者」である。目撃者の目撃者は、目撃者の隣の部屋にいて、運動場のバナナの隠し場所を自分で見ることはできない。ただし、隣の部屋で「目撃者」が隠し場所を見ている様子は見ることができる。

私がバナナを隠し終えたところで、ふたりのチンパンジーを屋外運動場に出した。

クロエとペンデーサという名前のふたりのチンパンジーでこの宝探しゲームをおこなった。まずは、クロエが目撃者で、ペンデーサが目撃者の目撃者になった。1日1回宝探しゲームをおこない、ほぼ毎日これを繰り返した。最初の数日間は特に変わったことは起こらなかった。目撃者のクロエがバナナの隠し場所にまっすぐ向かって、バナナを手に入れる。目撃者の目撃者のペンデーサは何もしない。あまり状況を理解していない様子だった。

このまま続けても、面白い展開はなさそうだ。そこで、役割を交代してみることにした。ペンデーサも目撃者の役をしてみる。こうして役割交代を何度か繰り返すにつれて、このゲームの仕組みが分かってきたようだ。急に変化が見られるようになった。

先回り、あざむき、あざむき対抗策

ペンデーサが目撃者の目撃者のとき、目撃者のクロエの先回りをするようになった。目撃者のクロエが、ある方向に進んでいく。もちろんその先にはバナナの隠し場所がある。それを見たペンデーサは、クロエの進む方向に走っていく。そして、その行く先を先回りしようとする。そうやって、隠されたバナナを横取りしようというわけだ。相手の行く先を読んで先回りするという、高度な戦略である。

一方のクロエも、なかなかの策略家だった。横取りをみすみす許すようなことはしない。

ペンデーサが追いかけてくると、隠し場所のほうに進まない。方向を変えて、何も入っていない隠し場所に向かって進んで行く。ペンデーサは、先回りするつもりで、その先の隠し場所を急いで確かめに行く。しかしそこにバナナはない。その間にクロエは向きを変えて正しい隠し場所に駆け寄り、バナナを手に入れる。ペンデーサはクロエにだまされたわけで、クロエのあざむき戦略の成功である。

ただし、クロエのあざむき戦略は長続きしなかった。ペンデーサがさらなる対抗策をとったためである。クロエの後ろにぴったりついていき、最後の最後まで拙速な行動をしない。クロエが左に曲がると、ペンデーサも左に曲がる。クロエが右に曲がると、ペンデーサも右に曲がる。いつまでもぴったりくっついていく。クロエが最後の最後に正しい隠し場所に着いて手を伸ばそうとするまで待って、ペンデーサはその瞬間に横取りする。クロエのあざむき戦略に対して、ペンデーサが対あざむき戦略を見出したわけである。

あざむくとき何を考えているのか

実は、宝探しゲームは、私がはじめておこなったわけではない。かなり以前に、アメリカの研究者のエミール・メンツェルや、私の指導教官だった松沢哲郎先生がおこなったことがある。そのいずれも、私の結果と同じように、チンパンジーのあざむき戦略が見られた。相手を出し抜こうと先回りしようとするチンパンジーがいる。そして、先回りに対抗して、回り道をしてあざむくチンパンジーがいる。私の研究と、過去の2回の研究で、参加者のナンパンジーはまったく違うが、同じような結果になった。チンパンジーが相手をあざむくということが、確かに普遍的に起こることを示している。

それでは、チンパンジーは、何を考えて相手をあざむいたのだろう。クロエとペンデーサの場合、クロエは、ペンデーサに空の隠し場所にバナナがあると思いこませようとして、わざと空の隠し場所に向かった、こう考えてもよいのだろうか。ここのところ、大事なポイントである。「心の理論」の問題と関係するからだ。

「心の理論」とは、端的には、他人が心をもつということを理解することである。心とは、知識、感情、欲求などを指す。やっかいなのは、心が目に見えないということ、そして、目の前の事実とは違うことを心の中で思いこんでいることがあるということだ。心を理解するためには、そのことを理解している必要がある。たとえば、本当はバナナが食器棚に隠してあるのに、太郎君は間違ってバナナが冷蔵庫にあると思っている、ということを花子さんが理解している、という具合だ。

この例で、太郎君は、事実とは違うことを信じているわけで、これを「誤った信念」とよぶ。他人の心を理解するということは、他人の「誤った信念」も含めて理解するということだ。今の例を使えば、花子さんは、太郎君の誤った信念を理解している、というふうに言うことができる。

チンパンジーは「誤った信念」を理解しているか

では、話を元に戻そう。クロエは、ペンデーサが「誤った信念」をもつように仕向けるために、あざむき行動をしたのだろうか。一概にそうとは言えない、というのがまず第一歩の答えだ。クロエ本人に「なぜ、あざむき行動をしたのですか？」と聞いて答えが返ってくるわけではないので、本当のところを突き止めるのは簡単ではない。いくつかの解釈が可能だ。たとえば次の通り。

（1）誤った信念を理解して、あざむいた。

（2）単に、ペンデーサが近づいてくるのが怖かったから、クロエは別の方向に逃げた。結果的に、ペンデーサがだまされた。クロエは、それに味をしめて、それ以降でも同じように、いったんは別の方向に進むようになった。

（3）クロエは、それまでの経験から、「ペンデーサが自分の後をついて先回りしようとする」ということを学習していた。クロエは、ペンデーサができるだけバナナの隠し場所に近づかないように、遠回りの道を通った。ペンデーサはだまされて途中で空っぽの隠し場所を探しに行き、その間にクロエはバナナを得ることができた。

このような可能性のうち(1)では、クロエのあざむく意図が明確だ。しかし、(2)や(3)の可能性では、クロエにあざむく意図が最初からあったかどうかは、必ずしも明確ではない。そこが難しい点であり、また重要な点でもある。ヒト以外の動物で「あざむき」を調べようとするとき、あざむく側の動物の意図を見極めるのは容易ではない。

そこで「あざむき」を次のように定義するのが一般的である。「ある個体が、普通の行動パターンの中から、ある行動を柔軟に用いた結果として、別の個体が状況を誤解し、元の個体が利益を得るような場合を、あざむきとする。」

要するに、あざむく側の個体が何を意図したかは問わず、「結果的に誰かがあざむかれた」ということを重視するやり方だ。クロエとペンデーサの場合では、クロエが何を意図したかについては先に述べた通りいくつかの可能性があるが、結果的にペンデーサがだまされたことは間違いない。

こうした定義の仕方は、われわれ人間の場合とは少し違う。人間の場合、他者の誤った信念を理解することができ、その上で他者をあざむくことがほとんどである。したがって、「あざむき」を定義するときに、あざむく側にその意図があったことが重要視される。

しかし、人間の場合でも、必ずしも他者の誤った信念を理解していなくても、あざむく行動をすることはあるだろう。典型的には、幼い子どもの場合である。3歳以下の子どもは、親から叱られそうな状況で、口から出まかせに事実とは異なることを言うことがある。たとえば、親から「ここにあったチョコ食べた?」と聞かれたとしよう。子どもは、「食べた」と言うと叱られるので、「食べてない」と言う。しかし実は、3歳以下だと、他者の心はまだ十分に理解できない。誤った信念を理解するようになるのは4歳を過ぎたころだ。したがって、3歳の子どもが口から出まかせを言うとき、親に「事実でないことを信じさせよう」としているわけではない。「チョコを食べた」と言うと叱られるから、単にそれを避けるために違うことを言った、というふうに解釈することができる。

クロエとペンデーサの場合も、これと似たように、過去の経験からパターンを学習することによってあざむき行動が起こったと考えて不思議ではない。だから、チンパンジーが他者をあざむく、ということは、必ずしも、チンパンジーが他者の誤った信念を理解する、ということにはならない。

誤った信念の理解について、チンパンジーでいくつか研究がおこなわれているが、今のところ、答えは否定的だ。つまり、チンパンジーは、他者の誤った信念を理解していなさそうである。ただし、この点についてはまだ研究が不十分であり、今後の展開を見守る必要がある。

いずれにしても、宝探しゲームの結果は、チンパンジーが状況に応じた柔軟な行動の調整をしていることを鮮やかに物語っている。高度な社会的知性の表れだ。

2 親から学ぶ、仲間から学ぶ

道具使用と社会的学習

チンパンジーの社会的知性は、道具使用行動の中にもあらわれる。道具使用というと、単に物を使って何かをするだけで、社会的知性とは関係ないではないか、と思われるかもしれない。しかし、実際は関係があるのである。道具使用をいかにして覚えるか、という点に着目するのがヒントだ。答えはずばり、社会的学習をすることにある。つまり、道具を使うということを、仲間の様子を観察して学習するのである。これを、「社会的学習」とよぶ。社会的学習の能力は、社会の中で発揮される知性という点で、立派に社会的知性のひとつとして数えることができる。

まずはチンパンジーの道具使用について簡単に説明しよう。チンパンジーは、ヒト以外の動物の中で、もっとも多様な道具を使う。１９６０年７月、アフリカのタンザニアの森で、イギリスの動物学者ジェーン・グドールが野生チンパンジーの観察を開始した。タンザニアの森から、グドールは驚くべき報告をおこなった。チンパンジーが道具を使うのを観察したという報告だ。ヒト以外の動物が道具を使う。当時は考えられなかったことである。ヒトだけが道具を使う賢い生き物だと思われていたからだ。

グドールが観察したチンパンジーの道具使用は、シロアリ釣りと名づけられた。草の茎をシロアリの巣穴に挿し込む。すると、巣の中のシロアリが茎に嚙《か》みついてくる。そこでチンパンジーは茎を引き抜き、シロアリを釣り上げて食べる。草の茎を道具にして、シロアリを釣るのだ。グドールの報告以降、アフリカ各地でチンパンジーの道具使用が次々と見つかっている。ナッツ割りの石器、葉のナプキン、葉のスポンジ、ヤシの杵《きね》つき、アリの浸し釣り、等々。数えあげれば30種類を超える。

そして、これらの道具使用行動は、親から子へ、ある世代から次の世代へと、集団の中で伝えられていく。西アフリカ・ギニアのボッソウ地域のチンパンジーは、アブラヤシの種を石で叩き割り、種の中身を食べる。ナッツ割りとよばれる道具使用だ。ボッソウに生まれた子どもチンパンジーは、7歳頃までにナッツ割りを覚える。一方、東アフリカ・タンザニアのマハレ地域にすむチンパンジーは、まったく誰もナッツ割りをしない。アブラヤシの木も種も身近にある。道具になる石もある。ところが、石で種を叩き割って中身を食べるということを知らない。

地域に特有な道具使用があり、集団の中で次世代に伝えられている。チンパンジーの集団それぞれに特有の道具使用「文化」がある。

初心者が熟達者から学ぶ

チンパンジーは、具体的にどのように仲間の道具使用行動を学習していくのだろうか。京都大学霊長類研究所のチンパンジーに参加してもらって、実験的な研究をしてみることにした。はじめに参加したのは大人のチンパンジー。彼らを相手に、ハチミツをなめるための道具使用の場面を設定した。

チンパンジー用の小部屋の壁が、透明な板でできている。この壁に、直径5ミリの穴をあけておく。穴の向こうに、ハチミツが入った容器を取り付ける。チンパンジーがハチミツをなめるには、道具を穴に挿し込んで、穴の向こうのハチミツに浸さなければならない。道具として使えるものは、あらかじめ部屋の中に散らしてある。ゴムチューブ、プラスチックひも、針金、たこ糸、麻ひも、くさり、箸《はし》、スプーン、ブラシなど、20種類の物だ。ただし、すべてが道具として使えるわけではない。スプーンなど8種類は、穴より大きくて入れることができない。ゴムチューブやプラスチックひもなど、残りの12種類が、道具として使える。

一部のチンパンジーには、個別に学習してもらった。それぞれ、ひとりだけでの学習場面だ。チンパンジーは、最初はいろいろな種類の物を試してみた。スプーンやブラシなど、穴より大きなものを入れようとして失敗することも多かった。やがて経験とともに、どの道具がうまくいくのかを覚えていった。

残りのチンパンジーたちは、社会的な場面にしてみた。すでにハチミツなめ道具使用を覚えた熟達者チンパンジーと、初心者のチンパンジーを一緒にしてみる。そして、このふたりがどうするのかを見てみた。

その結果、一方のチンパンジーが他方のチンパンジーを近くでじっと見るということが何度も起こった。そこには2つの法則性があった。ひとつめは、初心者が熟達者を見る、ということだ。熟達者のチンパンジーが道具使用をしているのを、初心者のチンパンジーが近くからじっと見る。その逆はほとんど起こらない。つまり、熟達者のチンパンジーが初心者のチンパンジーを見に行くことはない。もうひとつの法則性は、初心者が熟達者を見に行くのは、その直前に自分が失敗したときだ、ということだ。初心者のチンパンジーは、いろいろと試行錯誤する。最初のうちは、うまくいくこともあれば、いかないこともある。うまくできないと、熟達者を見に行く。うまくいっているときは、熟達者を見に行かない。

この2つの法則性のどちらも、当たり前と言えば当たり前のことである。初心者は熟達者から学ぶ必要があるので、それを見に行く。そして初心者は、自分が失敗したときに、熟達者のやり方を参考にする。自分で成功するようになれば、相手を見る必要もない。こうした当然のことが本当に生じているのかを確かめてみるのも、チンパンジーの社会的学習を調べる上で大切なことだ。ひょっとしたらチンパンジーはデタラメに相手を見ているだけかもしれない。しかし実際はそうではなかった。きちんと社会的学習の理にかなった形で、初心者が熟達者を、自分が失敗した後に見に行った。

使い残し道具を利用する

学習の過程で、他者の「使い残し道具」を利用することが何度かあった。熟達者のチンパンジーは、上手に道具を使ってハチミツをなめ続けるが、たまに道具を穴に入れ残したまま休憩することがある。すると初心者のチンパンジーがやってきて、熟達者が使い残した道具を拝借する。初心者チンパンジーは、熟達者が使い残した効率的な道具を自分で使ってみることで、学習が進んでいく。

野生チンパンジーのあいだでも、同じようなことが起こっているだろう。熟練した大人が使ったあとその場に残した道具を、初心者の子どもが手に取って使ってみる。こうして、大人と同じ道具を使って同じ行動をすることを覚えていく。自然の森の中で他者から学ぶとき、直接見て学ぶことだけが唯一の方法ではない。他者の使い残し道具を利用するという方法でも、学ぶことができる。

母から子へ

さて、ハチミツなめ道具使用を覚えた大人チンパンジーのなかには、アイ、クロエ、パンという3にんのチンパンジーがいた。2000年、その彼女たちに子どもができた。それぞれ、アユム、クレオ、パルと名づけられた。子どもたちは、親からどんなふうに学んでいくのだろうか。

3組の母子のうち2組が一緒にいる場面を作って観察を続けてみた。アイ・アユム母子とクロエ・クレオ母子の組み合わせ。次にアイ・アユム母子とパン・パル母子の組み合わせ。そしてクロエ・クレオ母子とパン・パル母子の組み合わせで、ひと月に2回ずつ観察をおこなった。そして、子どもたちがハチミツなめ道具使用を覚えるまで続けた。約2年にわたる長期継続観察研究である。

子どもたちが誰を社会的学習の対象にするか、そこに3通りが存在する。まずは、自分の母親の道具使用を見ることができる。次に、母親以外の大人の道具使用を見ることができる。最後に、もし子どものうちの誰かが一番に道具使用を始めたら、残りの子どもはその同い年の友達の道具使用を見ることができる。母親から子どもへ伝わる場合は垂直伝播《でんぱ》とよぶ。同年代の子ども同士で伝わる場合は水平伝播とよぶ。血縁関係のない大人から子どもへ伝わる場合は斜行伝播とよぶ。こうした3通りの伝播の経路を考えて、2組の母子が一緒にいる場面にしてみた。

子どもチンパンジーは、大人たちが道具を使ってハチミツをなめるのを、小さい頃から熱心に見た。顔がくっつきそうになる距離まで近づいて、じっと見つづける。アユムが、母親のアイを見る。クレオが、母親のクロエを見る。さらに、アユムがクロエを見たり、クレオがアイを見たりした。

ただ、パンとパルの場合は少し違った。母親のパンは、上手に道具を使うことができるのに、どうも乗り気にならないらしく、最初の数回だけでやめてしまった。ハチミツがある場所から離れて、寝そべってゴロゴロするばかりである。小さなパルは、そんな母親の胸にしがみついていることが多いので、ほかのチンパンジーが道具を使うのを見る機会がなくなってしまった。それでもやがて、成長するにつれて、ひとりで母親から離れていくようになり、アイおばさんやクロエおばさんが道具を使うのを近くでじっと見るようになった。そして、後で述べるように、同い年のアユムとクレオができるようになると、それを見に行った。

上：母親のアイがするのを近くで熱心に見るアユム　下：先にできるようになったアユムがするのを見るパル

子どもたちの行動の変化のきざしは1歳から1歳半の頃に生じた。アユムが、ちょうど1歳の頃、プラスチックひもやゴムチューブを持って穴に向けた。穴に入れることは

直径5ミリの穴にゴムチューブを差し込むパル

できなかったが、穴と道具を結びつける最初の行動だった。クレオは1歳5か月、パルは1歳2か月のときに、道具を持って穴に向けはじめた。

1歳半を過ぎると、道具を穴に向ける回数が急激に増加した。明らかに、道具を穴に入れようとしている。ただ、手先がまだ不器用なので、直径5ミリの穴に入れることができない。何度も失敗が続いたが、どの子も決してあきらめない。粘り強く道具を手にとって穴に入れようとした。

2002年2月14日、アユムが初めて成功した。1歳9か月のときだった。プラスチックひもを手に取り、それを穴に入れて、ハチミツに浸すのに成功した。クレオが1歳8か月のとき、同じくプラスチックひもを穴に入れてハチミツをなめるのに初成功した。パルが1歳10か月のとき、ゴムチューブを使って初成功した。チンパンジーの子どもは、2歳を迎える少し前に、道具を使うことができるようになる。このことを明確に示してくれる結果だった。

見て学ぶ

研究開始から初成功までのあいだに、子どもたちは誰をどれだけ見たのか。単に「よく見ていた」と言うだけなら、研究にならない。研究にするためには、丹念に数えて、客観的に示す必要がある。ビデオ記録を見直して、統計をとった。

アユムは、母親アイが道具を使うのを４８４回、合計８２４５秒見ていた。そしてクロエを１４６回、計３１４３秒見ていた。クレオは母親クロエを３５３回、計５６１９秒見た。そしてアイを16回、計４９１秒見た。パルは母親パンを5回、計１１０秒見た。そしてクロエを30回計５１６秒、アイを7回計65秒見た。さらに、自分より少し早く初成功した同い年のアユムを7回計64秒、クレオを1回27秒見た。

母親のアイとクロエは、子どもたちに見られている間、もっぱら2種類の道具を使っていた。ゴムチューブとプラスチックひもである。これらが、20種類ある物の中で効率的に使える物だった。アイは、プラスチックひもが1番のお気に入りの道具だった。2番目のお気に入りはゴムチューブだ。クロエは逆に、ゴムチューブが1番、プラスチックひもが2番目だった。床には20種類の道具が散らしてあったが、親たちがこの2種類以外の物を使うことはまずなかった。ただし、それは経験の産物だ。子どもを出産する前、大人たちがいろいろな道具を自分で試して、この2種類の効率の良い道具を選ぶようになった。

子どもたちは、大人を見ることで、何を使えばよいのかを理解しただろうか。つまり、単に物を道具にすればよいということだけでなく、何を道具にすればよいのかを学習しただろうか。それを調べるために、子どもたちが初めて成功するまでの間に、どんな物を選んで挑戦していたのかを見てみることにしよう。

アユムの場合、初成功は、85回目の挑戦のときだった。それまで合計84回、道具を穴に向けたが、穴に入らなかった。この84回の挑戦のためにアユムが選んだ道具は、最初からプラスチックひもかゴムチューブのどちらかだった。それ以外の18種類の物を選ぶことは一度もなかった。パルの場合もほとんど同じだった。初成功までの89回の挑戦のうち79回は、プラスチックひもかゴムチューブのどちらかだった。クレオの場合は、少し違った。初成功までの28回の挑戦の中で、幅広く8種類の道具で試した。自分なりに何でも試してみたい、わが道を行く性格なのだろうか。それでも、偶然より高い確率で、プラスチックひもかゴムチューブを使った。

初成功する前の挑戦なのだから、当然ながら一度も成功しない。失敗が続いているにもかかわらず、同じ道具を選びつづけた。大人や同い年の仲間が使うのと同じ道具だ。使うべきものを、他者から見て学んだということだ。

教えない母親

母親チンパンジーたちは、子どもに対してどう振る舞ったのか。人間だったら、子どもの手を取って助けたり、励ましたりするだろう。あるいは、子どものために道具を穴に挿してハチミツをなめさせてあげたりするだろう。しかし、チンパンジーの親は、そうやって積極的に教えるということをしない。

ただし、親が子どもに対してまったく何もしないわけではない。子どもたちは、大人がハチミツに浸した道具を横取りしようと割り込んで、手を伸ばしてくることがよくある。こんなとき、大人の反応は2通りだ。まずは、取られないように拒否する。たとえ子どもでも許さない。あくまでも自分がハチミツをなめる。そういう態度をとることがある。

しかし、かならずしも拒否するばかりではない。子どもが取るに任せて、自分の道具を子どもが持っていくのを許すこともよくある。あるいは、口を出してきた子どものために動きを止めて、子どもが道具をくわえるまで待っている。母親のアイもクロエも、この両方の振る舞いをみせた。拒否することもあれば、許すこともある。それは、相手が自分の子どもであっても、他人の子どもであっても変わり

上：子どもが口を近づけようとしているのを押しとどめる大人　下：子どもが道具をくわえるのを許して見守る大人

なかった。分けへだてなく、どの子に対しても同じ程度に寛容に応えた。

ごくまれには、大人が子どもに道具を差し出すこともあった。大人が道具を使っているところに、子どもが手を伸ばしたり口を出したりする。すると大人が、使っている道具を子どもの口元にそっと差し出す。これもまた、相手が自分の子どものこともあれば、他人の子どものこともある。

ただし、興味深いことに、大人が子どもに道具を差し出すのは、ハチミツを自分でなめおわったあとに起こることがほとんどだった。つまり、差し出す道具にはハチミツが付いていない。子どもに積極的にハチミツをなめさせてあげる、というのとは少し意味が違うらしい。

大人と同じことをしたい

親から子へ、ある世代から次の世代へ、チンパンジーの社会で道具使用が脈々と受け継がれていく。まず重要なのは、子どもの側の熱意だ。大人を繰り返し何度も見つづける。そして大人の道具を横取りして触れてみる。大人と同じことをしたい。親と同じ道具を手に取ってみたい。そうした強い熱意に支えられて、大人と同じ道具を使うことを覚えていく。大人チンパンジーは、子どもに直接手を貸して教えることはない。子どもが道具を穴に入れようとして失敗するのを見ても、特に何もしない。手助けすることはないし、励ますこともない。

その一方で、もしも子どもの側から大人にはたらきかけてきたら、大人はときに寛容に応える。自分の使っている道具に子どもが手を伸ばしてきたら、動きを止めて触らせる。子どもが道具を口にくわえたり、持っていったりするのを許す。たまには子どもに道具を差し出してみる。子どもたちは、こうして大人と同じ道具にじかに触れる機会を得る。大人の寛容さは、子どもの熱意を支える土台になっているのだろう。

子どもにとってみれば、生後しばらくは自分で道具をうまく使うことができない。その間、大人たちを何度もよく見て、大人たちが使う道具に触れて、口にしてみる。そうしたかかわりあいがあるからこそ、子どもはあきらめることなく、自分でやってみようという熱意が続くに違いない。子どもからのはたらきかけに対する大人の寛容さは、われわれヒトのおこなう積極的な教育につながる第一歩ではなかっただろうか。

チンパンジーの子どもたちは、道具を使ってハチミツをなめる大人たちを、近くからじっと見つづける。そして、自分でもやりたいという熱意をもつ。大人たちは、そんな子どもを寛容に受け止める。松沢哲郎はそれを「師弟教育」とよぶ。弟子は、師匠の振る舞いをそばで見つづける。師匠は弟子にあからさまに教えたりしない。何年ものあいだ、師匠は技を実演しつづけ、弟子は技を「盗んで」自分のものにする。

アイデンティフィケーション

大人と同じことをやってみたい。こうした子どもたちのもつ熱意に触れて、ふと思い出す言葉があった。今西錦司のいう「アイデンティフィケーション」だ。今西錦司は、霊長類学の父ともよべる存在である。ニホンザルに文化がある可能性を誰よりも早く議論した。

今西はアイデンティフィケーションを、「対象のパースナリティを、そのまま そっくり取り入れること」と捉えた。ニホンザルの子どもは、まず母親をアイデンティフィケーションの対象として、群れの中でどう振る舞うべきなのかを身につける。男の子はその後、リーダーオスにアイデンティフィケーションの対象を替えて、リーダーとしての振る舞いを身につけていく。そんな筋書きである。

アイデンティフィケーションは、ニホンザルの文化を考える上での中心的な概念として提唱された。集団の一員としてしかるべき行動を、どのように自分自身のなかに取り込むかという問題と絡み合っていたからだ。しかし、その後の霊長類研究の展開とともに、表立って言及されることは徐々に少なくなり、今西自身も触れることはなくなった。私の目から見ても、アイデンティフィケーションは、その主張が擬人的に過ぎるところがあり、科学的な研究にするのは難しい。

ところが近年、今西とはまったく独立に、アイデンティフィケーションという言葉を言い出した研究者がいる。アメリカの霊長類研究者、フランス・ドゥ・ヴァールが書いた本の中にその言葉は出てくる。正確には、ドゥ・ヴァールは「結びつきおよびアイデンティフィケーションを基盤にした観察学習」と書いた。チンパンジーなどの類人猿が、様々な行動をいかに社会的に学習するのかということについての議論に基づく言葉である。母子の絆《きずな》、同じ社会の仲間との絆に支えられて、母親や仲間をじっと見て学ぶ。その背景には、社会に属し、なじみたいという衝動がある。

たとえば野生チンパンジーの子どもは、アブラヤシのナッツを割る石器使用を学ぶために3〜7年の歳月を費やす。つまり、生まれてから3〜7年間は一度も成功しない。何年間も成功せず、それでもやろうとするのは、とにかく自分も大人と同じことをしたいという熱意があるからにほかならないだろう。

霊長類研究所の子どもチンパンジーが、ハチミツをなめなければ生きていけないわけではない。それでも、大人を見て大人と同じことをする。他者と同じことをしたいという動機を持ち合わせていること、つまりアイデンティフィケーションをおこなうことは、ヒトを含めて社会の中で生きている霊長類にそなわった文化伝達の進化的基盤なのかもしれない。

道具使用の最年少記録

チンパンジーの道具使用について、また別の研究もおこなってみた。その話もしてみよう。場所は林原類人猿研究センター。そこの、ツバキという母親と、ナツキという娘が研究対象だ。ナツキにも、ハチミツなめ道具使用に挑戦してもらった。そうしたら、ナツキが1歳3か月のときに初めて成功した。京都大学霊長類研究所の3にんの子どもチンパンジーより半年ほど早い記録だ。ナツキは神童、才媛《さいえん》チンパンジーなのだろうか。

このときは、その前の霊長類研究所でおこなったハチミツなめ道具使用研究とは、少しだけ場面を変えてみた。林原類人猿研究センターでは、チンパンジーたちがふだん過ごしている屋外運動場を研究場所にした。朝から夕方までずっと過ごしている場所だ。この運動場の一角に、屋外研究設備がある。そこに、透明なパネルが設置されている。パネルには直径5ミリの穴があいている。穴の向こうに、ハチミツが入った容器がある。屋外研究設備の周りは、自然の環境だ。木があり、草が生えている。チンパンジーは、木の枝や草の茎を道具にして、ハチミツをなめる。穴に枝や茎を挿して、ハチミツに浸してなめとるわけである。

ナツキが生まれる5年前、ナツキの母親のツバキや父親のロイ、ほかの仲間のチンパンジーたちの道具使用の学習過程を調べる目的で、このハチミツなめをおこなっていた。草や枝を穴に挿す道具使用は、当時の彼らにとって比較的簡単な課題で、みんなすぐにできるようになった。

ナツキが生まれて、1歳2か月のとき、ハチミツなめの場面を作ってみた。実は、これより少し前から、ナツキは穴に何かを押しあてたり、枝を挿しこもうとしたりするようになっていて、ハチミツなめができそうな気配があった。そこであらためて、きちんとした研究としてハチミツなめの場面を作り、ナツキの様子を観察してみることにした。

母親のツバキ、ツバキより年下の女性のミズキとミサキは、難なくハチミツなめ道具使用を始めた。ナツキは、母親や年長の仲間に近寄って、長い間とても熱心に見た。そして、使い捨てられた道具であるネズミノオの茎を拾って、自分でも穴に向けてみた。繰り返しやっているうちに、茎の先端が穴に入ることがあった。最初は不器用で、なかなか茎の先端がハチミツに届かなかったが、それでもあきらめなかった。そして、1歳3か月のとき、初めて成功した。

アフリカ、タンザニアのマハレでおこなうアリ釣りの場合、チンパンジーの子どもは早くて2歳後半に初めてできるようになる。タンザニアのゴンベでおこなうシロアリ釣りの場合も同様に2歳半頃にできるようになる。

霊長類研究所のアユムやクレオやパルが1歳8～10か月でハチミツなめ道具使用ができるようになったのは、野生チンパンジーの場合よりかなり早い年齢だった。そして、ナツキはさらにそれより早く、1歳3か月でできるようになったわけだ。チンパンジーの道具使用の世界最年少記録かもしれない。ヒトの子どもの場合、1歳頃からスプーンなどの道具を使うようになる。ナツキの例から、チンパンジーもほぼ同じ年齢で初めて道具を使うことが可能であると分かった。

ナツキは、その後、もうひとつの道具使用でも世界最年少記録を打ち立てた。ナッツ割り道具使用である。殻の堅いナッツを、石を道具にして叩き割る行動だ。台になる石の上に、ナッツを置く。そのナッツを、別の石をハンマーにして叩き割る。

林原類人猿研究センターの屋外運動場の地面に、大小10個の台石を埋め込んでおいた。そこに、複数のハンマー石を鎖でつなぎとめた。石を地面に埋め込んだり鎖でつないだりするのは、単に研究の都合だ。チンパンジーが勝手にあちこちに持ち運んだら、観察がしにくくなる。研究者にとって観察しやすい場所で観察したいから、そうしたにすぎない。そこに、殻付きマカダミアナッツを撒《ま》く。実は、ナツキ以外のチンパンジーたちは、すでにナッツ割り道具使用を覚えていた。みんな、台石の上にマカダミアナッツをのせ、ハンマー石で殻を叩き割って中身を取り出して食べる。

ナツキが生後2か月のとき、ナツキの学習過程を調べる継続観察を開始した。観察を開始した当初、ナツキはもっぱら母親のツバキのお腹《なか》や背中にしがみついていた。そして時折、母親のやるナッツ割りを見たり、あるいは、母親にしがみついている片手だけ離して、ナッツや石に手を伸ばして触ろうとしたりした。生後7か月になると、かなりの時間を母親から離れて、あちこちひとりで探索するようになった。

ナツキが生後9か月のとき、ハンマー石を手で叩く行動が見られた。ナッツ割りにとって肝心な行動パターンである「叩く」行動だ。1歳2か月のとき、マカダミアナッツを手で叩く行動が見られた。続いて、台石の上にナッツをのせ、それを手で叩く行動も見られた。ナツキが1歳9か月のとき、さらなる進展があった。ハンマー石を持ち上げて台石の上に振り下ろす行動を何度も繰り返しおこなうようになったのだ。ただし、ナッツは台石の上にない。

でも、ハンマー石を使って叩くという点で、ナッツ割り行動に一歩近づいた。

そして、1歳11か月のとき、初成功の日がやってきた。ナツキは、ナッツを自分で拾ってきた。それを台石の上に置き、ハンマー石を持ち上げてナッツめがけて振り下ろした。何度か叩いて、ナッツを割ることができた。野生チンパンジーの場合、ナッツ割りができるようになるのは3〜7歳だ。ナツキの1歳11か月での初成功は、それに比べて格段に早い記録である。

左：母親の背中にしがみついてナッツ割りを見るナツキ（生後4か月）　右：ナッツ割りをするナツキ（2歳1か月）

ナッツ割りは、ヒトの子どもにとっても比較的難しい。2歳半〜3歳の子どもに、台となる道具、ハンマーとなる道具、そしてナッツを渡して、「ナッツを割ってみて」と言っても、うまく割れる子どもはほとんどいない。地面に投げつけたり、ハンマーに押し付けてみたり、台を使わずに地面の上のナッツをハンマーで叩いたり。いろいろと努力はするが、割ることができない。ただし、この場合の子どもたちは、正しいナッツ割り行動を見た経験がない。ナツキのように、生後すぐから大人のナッツ割りを見て育ったわけではない。そうだとしても、2歳半〜3歳のヒトの子どもにとってもナッツ割りが難しいことは確かだ。

環境によって能力が早期に開花する

チンパンジーとヒトの乳幼児の物体操作を比べて、知性の発達の過程を調べる研究が過去にもいくつかおこなわれてきた。物に手を伸ばす、つかむ、叩くなどの行動の出現については、チンパンジーとヒトとでさほど変わらない。しかし、ヒトの場合は1歳頃に最初の簡単な道具使用が見られるのに対し、チンパンジーで同じような道具使用が見られるようになるのは2〜3歳であるというのがこれまでの研究結果だった。こうしたことから、道具使用を可能にする知性は、ヒトではチンパンジーに比べて早くかつ加速度的に発達すると解釈されてきた。ヒトの知性の発達はチンパンジーとそのあたりで分岐してくるという説だ。

しかし、ナツキの例は、そうした見方が必ずしも正しくないことを示している。1事例だといえばそれまでかもしれないが、チンパンジーがヒトとほぼ同じ年齢で道具使用行動を発達させることが分かった。ナツキが生まれもって特殊な才能をそなえていたからかもしれない。しかし、それで片付けてしまってよいだろうか。ナツキの例から何が見えてくるのか、もう少し考えてみたい。

ひとつの要因は、手本となる存在だ。ハチミツなめ道具使用もナッツ割り道具使用も、ナツキの年長の仲間たちはすでに皆できていて、ナツキはそれを間近で見て育った。母親や他の仲間たちの行動を見て学ぶ能力が子どもチンパンジーにそなわっていて，仲間と同じことをしたいという強い動機付けがある。

もうひとつの要因は，研究を実施する環境にありそうだ。たとえばハチミツなめ道具使用。霊長類研究所で研究したときには，チンパンジーを勉強部屋に呼んで，道具として特別な物を与えて行動を観察した。チンパンジーにとってみれば，そうしたテスト環境は，彼らがふだん暮らす環境とは異なる。それに対してナツキの場合，彼女がふだん暮らす屋外運動場で，彼女の周囲に山ほどある草や木の枝が道具になる環境で研究をおこなった。十分になじみのある場所と物であったから，新しい行動の出現が捉えやすかったのではないか。テスト用にいつもと違う環境と物を整えた研究では，芽生え始めた行動が出てきにくいのかもしれない。なじみの薄い場所，なじみの薄い物を目の前にしたら，子どもはまずは探索したり，遊んだりすることに夢中になってしまいがちだ。毎日暮らしてすでに十分よく知っている環境におかれたときのほうが，自然に新しい行動が出てきたとしても不思議はない。

それでは，野生チンパンジーの場合はどうだろう。彼らも，毎日暮らす環境で道具を使う。ただし，野生で暮らす場所は，研究施設で暮らすチンパンジーに比べて，圧倒的に広くて多様だ。野生チンパンジーの子どもにとっては，自分がふだん暮らす環境になじむのに時間がかかるだろう。

そしてもうひとつ。野生チンパンジーの子どもに比べて，ナツキは母親離れが非常に早く進んでいた。野生チンパンジーにおけるナッツ割りを調べた研究によると、ナッツ割りの場面で、子どもが母親から離れていた時間の割合は、生後半年ではゼロ、1歳半では3分の1、2歳半では2分の1、3歳半では3分の2である。

それに対してナツキは、生後7か月の時点ですでに、ナッツ割り場面の観察時間のうちの大半を母親から離れて過ごしていた。野生チンパンジーの3歳半の子どもより高い割合である。野生に比べて危険が少ない飼育下にいることも一因だろう。母親以外の年長のチンパンジーにも可愛がられて、奔放に育っているということもある。

母親につかまっているということは、つかまるために手がふさがっているということだ。物を扱うことには手を使えない。ナツキは、野生チンパンジーに比べて非常に早い時期から、母親から長時間離れて、両手を自由に使って周囲の環境を探索していた。そうしたことが物体操作の発達を強く促し、野生チンパンジーに比べて早い段階で道具使用を獲得することができた理由なのではないか。

身近に手本があり、十分になじみのある環境で、早いうちから周囲の物を両手で操作する経験を積むことができれば、チンパンジーもヒトと同じスピードで物体操作や道具使用をおこなうようになる可能性があるということのようだ。

3 他者を理解する

視線から心をのぞく

アイトラッカーとよばれる装置が、心理学などの研究でよく使われるようになってきた。この装置を使うと、視線を検出することができる。つまり、どこを見ているのかが分かる。どこを見ているのかが分かれば、何に興味があるか、何に注目しているのかということが分かる。その人が見ている世界を通じて、その心の一部に迫ることができる。私はアイトラッカーを使って、チンパンジーの他者理解を調べてみようと思った。他者が何か動作をするとき、チンパンジーはどこをどんなふうに見ているのだろうか。

研究の様子は、たとえばこんな具合に描くことができる。林原類人猿研究センターのジャンバが、モニターの前に座っている。モニターには、ある人間の女性が映っている。この女性は、オレンジジュースの入った容器を手にしている。ジャンバは、その容器をじっと見た。やがて女性は、容器を持ち上げ、左から右へと動かし始めた。ジャンバは、容器の軌跡を目

モニターの前に座るジャンバ

で追った。女性が容器を運ぶ先には、空っぽのコップが置いてあった。ジャンバは、コップを見た。女性は、コップにジュースを注ぎ始めた。ジャンバは、コップに注がれるジュースを見続けた。

ジャンバの目の前にあるのは、モニター型アイトラッカーとよばれる装置だ。目の角膜反射や瞳孔を赤外線で検出するアイトラッカーが内蔵されたモニターである。チンパンジーはその正面に座る。モニターからの距離が約60センチのところで、ちょうど視線がよく検出できる。

まずはキャリブレーションという手続きが必要だ。視線が正しく測定できているか確認するためである。モニターの中の1箇所に、小さな動画を呈示する。動画は何でもよいが、できるだけチンパンジーの興味を引きそうなものを自作した。その動画を呈示すると、チンパンジーは自然にその動画に目がいく。そのときの視線をアイトラッカーで検出して、視線測定用の計算をする。もう一度別の位置に小さな動画を呈示し、同じ手続きを繰り返して、視線の計算の確実性を上げていく。キャリブレーションと、その精度を確認する別の手続きを実施してみたところ、どのチンパンジーでも角度にして0・5度未満、画面上の長さにして5ミリメートル未満の誤差の範囲で視線が測定できることが確かめられた。

研究に参加したのは、林原類人猿研究センターのロイ、ジャンバ、ツバキ、ミズキ、ミサキ、ナツキの6にんのチンパンジーたちだ。それぞれが、冒頭に紹介した動画を見た。女性がジュースをコップに注ぐ動画だ。彼らは、この動画のどこを見ているのだろう。

物ばかり見るチンパンジー、顔と物を見比べる人間

調べた結果、興味深い特徴がふたつあった。まずは、ジュースがコップに注がれるより少し前にコップを見るということ。「これからジュースがコップに注がれる」ということを予測して、事前にコップに目がいくようだ。つまり、チンパンジーは、モニターの中の女性の行動を予測しているようだ。もっと言えば、女性が何をしようとしているのかを理解している、女性の行動の目的を理解している、とも言えるだろう。

もうひとつの特徴。それは、女性の顔をほとんど見ない、ということだ。チンパンジーが見るのは、もっぱらジュースの入った容器やコップである。この研究をする前から、私は、なんとなくそんな感じがしていた。チンパンジーは、ふだんの他者とのやりとりのなかで、相手の顔をあまり見ない。ただし、まったく見ないわけではない。相手の顔を見て、目を見ることは確かにある。しかし、われわれヒトに比べると、その頻度はかなり低いようだ。事前にそう思っていたわけだが、アイトラッカーできちんと数字として出てきた結果を見ると、

少し驚いたというのが正直なところだ。顔を、ほとんど見ていない。物ばかり見ている。

では、ヒトがまったく同じ動画を見たらどうなるだろう。実際にやってみた。ただし、この部分は私がやったわけではなく、研究実施者は共同研究者の明和政子さんである。生後8か月の赤ちゃん、12か月の赤ちゃん、20歳前後の大人に参加してもらった。

まずはコップへの視線についての結果から紹介しよう。大人は、コップにジュースが注がれるより前にコップを見た。チンパンジーの結果と似ている。このあとにコップにジュースが注がれる、ということを予測していることを表しているのだろう。それに対して、赤ちゃんは、概して言えば、コップを事前に見ることはなかった。8か月の赤ちゃんは、平均すると、コップにジュースが注がれた後にコップを見た。12か月の赤ちゃんは、平均すると、コップにジュースが注がれるのとほぼ同時、正確には少し後に、コップを見た。8か月の赤ちゃんは女性の行動を予期していない、12か月の赤ちゃんは予期が十分ではない、という結果である。

それもそのはずである。赤ちゃんは、まだ自分でジュースをコップに注ぐことができない。そうした経験がない。自分がまだできない行動を他人がやったのを見ても、その行動の先の展開を予測するのは難しいだろう。赤ちゃんの視線が物語るのは、他人の行動の予測と、自分でその行動をおこなう能力とが互いに関係している、ということのようだ。

もうひとつ、顔を見るかどうかについて、チンパンジーの結果と大きな違いが現れた。赤ちゃんも大人も、ジュースを注ぐ女性の顔をとてもよく見る。ジュースの入った容器を見て、次に顔を見て、という具合に、顔と物とを見比べる。

違う種類の動画を使って同様の研究もしてみた。まずは、前章までに紹介した、チンパンジーのハチミツなめ道具使用の動画だ。この動画を見るとき、チンパンジーはやはり顔をあまり見なかった。ヒトの大人は、動画に映っているチンパンジーの顔をよく見た。動画に登場するのがチンパンジーであっても、チンパンジーは顔をあまり見ない、ヒトはよく見る、という結果だった。

チンパンジー(上)は物ばかり見る。ヒト(下)は顔と物を見比べる(丸い印がついているのが見たところ)(提供：明和政子)

もうひとつ別の動画を使ってみた。動画の中の人間の女性が、コップを積み重ねていく、というシーンだ。ここでは、ジュースやハチミツなどの食べ物は出てこない。出てくるのはコップだけ、つまり物だけである。それでも、ヒトは動画の人物の顔をよく見て、チンパンジーは顔を見ないという結果は一貫していた。だから、女性がコップにジュースを注ぐ動画やチンパンジーのハチミツなめ道具使用の動画で、チンパンジーが顔を見ないのは食べ物ばかりに興味を引かれるからである、という反論は成り立たない。

三項関係

アイトラッカーの研究成果を簡単にまとめてみる。ヒトは、動画の人物が扱う物と人物の顔とを何度も見比べるような見方をする、チンパンジーは物ばかり見ている。このことは、三項関係の成立、ということと大きくかかわっていると私は思う。チンパンジーは二項関係に終始する。ヒトは三項関係を築く。

では、その二項関係、三項関係とは何か。「項」は項目の項であり、2つの項目、3つの項目という意味である。簡単に言えば、二項関係とは、私と物、あるいは私とあなた、という2つの項目の関係のことである。三項関係とは、たとえば私とあなたと物、という3つの項目の関係のことである。

人間の赤ちゃんの発達を見てみよう。二項関係から三項関係へと発展していく様子がうかがえる。生後4か月ころになると、身の回りのいろいろなものに手を伸ばすようになる。つまり、物とかかわろうとする、二項関係の成立だ。自分と物、という2つの項の関係だからだ。たとえば、お母さんが赤ちゃんの前であやしながらおもちゃを見せる。赤ちゃんはおもちゃに手を伸ばしてつかもうとする。自分とおもちゃの二項関係である。あるいは、赤ちゃんはお母さんの顔に興味を示す。お母さんが見つめる目を、じっと見返して、見つめあう。自分とお母さんの二項関係だ。いずれにしても、赤ちゃんの興味は、おもちゃか、あるいはお母さんか、そのどちらかに偏っている。つまり、この段階では、赤ちゃんが築く関係は二項関係である。

それが、9か月ころになると、大きく変わる。たとえば、お母さんが、赤ちゃんの近くにあるおもちゃに向かって指をさす。そうすると、赤ちゃんは、お母さんを見て、それから指さされた方向を見て、おもちゃに注目する。赤ちゃんとお母さんとおもちゃという三項関係だ。これは「共同注意」という現象とも捉えられる。お母さんが注意を向けているものに自分も注意を向ける、という具合に、お母さんと自分とで注意を向ける対象を共有するわけだ。赤ちゃんはさらに、自分で指さしをするようになる。自分で興味をもった物に、指さしをしてお母さんにも注意を向けてもらおうとする。あるいは、お母さんの目の前に物をかざして、「これ見て」というようなしぐさをする。「ちょうだい」「どうぞ」というように、物を受け渡すやりとりもできるようになる。私とあなたと物、という三項関係にもとづいたやりとりが広がってくる。

こうした9か月齢の変化は、「9か月革命」ともよばれる。人間の赤ちゃんは、9か月革命によって、三項関係にもとづいた社会的関係を一気に開花させていくのである。

では、チンパンジーはどうだろう。京都大学霊長類研究所でチンパンジーの赤ちゃんの発達を調べた研究によると、9か月革命は見られなかった。そもそも、チンパンジーは、野生の状態では指さしをしない。チンパンジー同士で指さしをして「あれ見て」「これ見て」というようなやりとりをすることがない。チンパンジーでは三項関係がまったく成立しない、と言い切ると、まったくないわけではないと批判もあるだろう。ただ、人間に比べるとチンパンジーは三項関係を成立させる能力に乏しいことは間違いないようだ。

人間は心理学者、チンパンジーは物理学者

アイトラッカーの話に戻そう。チンパンジーは物ばかり見た。いっぽう、ヒトは物と人物の顔とを両方よく見た。このことは、チンパンジーが私―物という二項関係に終始するのに対して、人間は私―あなた―物という三項関係を築く能力が高いことと関係していそうだ。動画の中の人物が何か物を扱うのを見て、その人物は何をしているのだろうと推測する。そうして、その人物の顔を見て、それから物を見る。

アイトラッカーの研究で実際に用意した動画は、コップにジュースを注ぐなど、何をしたいのかがわかりやすい比較的単純なシーンだった。だから、「この人物は何をしているのか」と深く考える必要は必ずしもなかったかもしれない。つまり、人物の顔をじっと見なければならない理由はそこまで強くはなかったかもしれない。それでも人間は、その人物の顔と物

とを両方見た。私―あなた―物という三項関係でものごとを捉える基本的な傾向がそなわっているからだと思う。

日常生活では、他人が何をしようとしているのか、必ずしもすぐ明確に分かるわけではない。だから、われわれは、普段から、相手の顔と物とを両方よく見比べて考える構えをもっている。その普段からの構えが、研究で使った動画を見るときにも自然と現れたのだろう。チンパンジーは、三項関係の中でものごとを捉えることが乏しい。動画の中の物ばかり見ていたということは、自分と物との二項関係にとどまるチンパンジーの構えを反映していると考えられる。

大胆に二分して言えば、人間は心理学者であり、チンパンジーは物理学者である。人間は、相手が何をしようとするのだろう、どう考えているのだろうと、相手の意図を考えながら相手の行為を理解しようとする。相手の心理を理解しようとする。それに対してチンパンジーは、その物がどう動くのだろうということに注目して、相手の行為を理解しようとする。物理を理解しようとする。

チンパンジーも、相手の行為の目標は理解できる。ジュースがコップに注がれる前にコップを見るという予期的な視線をチンパンジーが示したことは、チンパンジーも相手の行為の展開を理解しているということだ。そのときにチンパンジーが注目するのは、人間と違って、大半は物なのである。

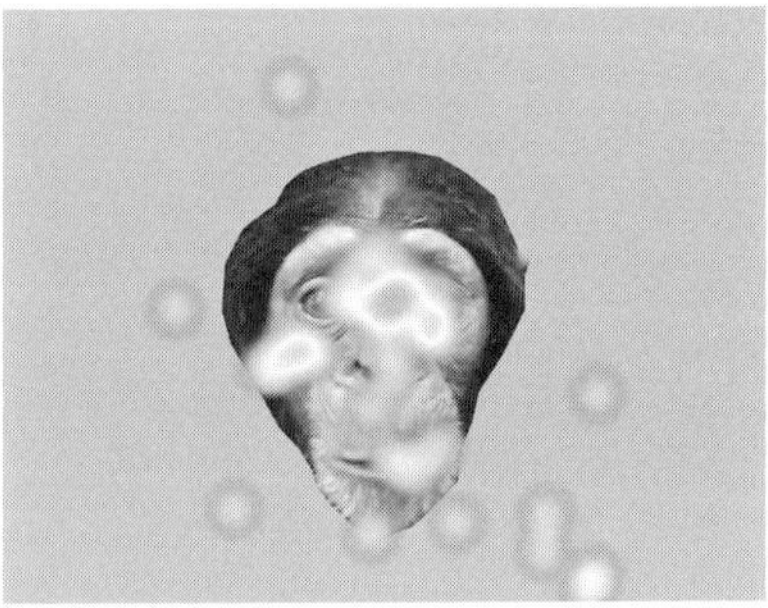

顔の写真を見せると，チンパンジーは
目や鼻や口をよく見る

写真ならば目をよく見る

ただ単純にチンパンジーは顔が嫌い、顔を見ない、というわけではない。アイトラッカーの話の締めくくりに、そのことを調べた研究を少しだけ紹介することにしよう。画面にいろいろな写真を呈示してみる。写真には、人物が写っていたり、チンパンジーが写っていたりする。チンパンジーがこうした写真を見るときに、具体的にどこを見るのかを、アイトラッカーで測ってみる。そうすると、顔をよく見ている、ということが分かる。京都大学霊長類研究所で狩野文浩さんがおこなった研究だ。

私も似たような研究をおこなってみた。私の場合は、顔のどこを見るのか、ということを調べてみた。チンパンジーは、顔全体を適当に見るのか、あるいは、目や鼻や口といった特定の部位をよく見るのか。答えは、目や鼻や口をよく見るというものだった。顔全体を適当に見るのではなく、目と鼻と口を特によく見る。そのなかでも目を一番よく見る。

だから、単純にチンパンジーは顔が嫌い、顔を見ない、というわけではない。むしろ、顔は好きであり、興味を引く対象である。そして、中でも「目」に自然と目がいく。ただしこれは「写真」の場合である。これが動画になって、人物が物を持って動き始めると、様相は一変して、これまで書いてきたようなことになる。人間は人物の顔と物を両方見比べ、チンパンジーは物に注目するようになる。

脳波を測る

アイトラッカーとはまた別の測定機器を使って、違うテーマの研究もおこなってみた。脳波測定だ。チンパンジーの頭に、脳波測定用の電極をつけて、頭皮上で観察される脳波を記録したのだ。過去に、チンパンジーの脳波測定の例はあった。ただし、麻酔をした状態だったり、鎮静剤をのませた子どもだったりで、普通の起きている状態での研究例はなかった。覚醒状態にある大人のチンパンジーから脳波を記録するのは、私たちのグループが世界初の試みだった。研究場所は、林原類人猿研究センター。チンパンジーのミズキに研究に参加してもらった。

脳波は、頭皮上で観察される電位変化である。大脳皮質の神経活動によって生じた脳の各所の電位変化が、脳組織や頭蓋骨を伝わって、表面の頭皮上に現れたものだ。頭皮の表面に電極をつけて記録することができる。横軸に時間、縦軸に電位をとってその変化を見ると波のように見えるので、脳波とよばれるわけだ。

正確には、脳波は、脳が活動する限り絶え間なく出現するものである。それに対して、

電極を頭につけたミズキ

「事象関連電位」とよばれる脳電位がある。ある特定の事象に起因して生じる神経活動を反映した電位の変化のことだ。事象関連電位は、脳波に比べて非常に小さい波でしかない。ある事象を一度だけ生じさせても、その事象に関係のない膨大な神経活動による電位変化、つまり背景脳波と混じって、切り分けることができない。そこで、特定の事象を繰り返し生じさせ、それに対する脳波データを重ね合わせることで、識別可能にする。調べたい事象に無関係な神経活動に起因する電位の変化はランダムに近い形で起こっているので、同じ事象を繰り返し生じさせて脳波データを重ね合わせるうちに、それらは互いに打ち消しあってゼロに近づく。すると、残るのは、特定の事象に関連して生じた電位の変化となる。これが事象関連電位である。

チンパンジーのミズキを対象に、事象関連電位を測定する練習を繰り返し、少しずつ、段階を経て、成功に導いた。測定のためには、頭に電極をつけるということ、そして測定中にできるだけ動かないでいることが必要だ。見慣れぬ電極を頭につけることをミズキに許容してもらうまで、時間をかけて練習をおこなった。

測定にあたって、相応の準備も必要だ。ヒトの脳波をとる場合は、電極のついた帽子のようなものを頭にかぶる。ところが、チンパンジーの頭はヒトの頭と形が違うので、ヒト用の帽子ではうまくいかない。いろいろ検討したが、結局、電極を1本ずつ、チンパンジーの頭皮の所定の位置にテープで貼り付けることにした。

最初から本番用の高価な装置を使って練習すると、もしも失敗して壊れたら困る。そこで、まずは練習用の装置を自作した。壊れてもいいように安い部品で作ったが、できるだけ本物に似せた。この練習用装置で、少しずつ、何度も練習した。研究に携わった研究員とミズキとの間に深い信頼関係があったことも奏功し、やがてうまくできるようになった。

人間と同じ脳波が検出できた

研究の手始めとして、オッドボール課題というのをおこなった。オッドボールとは、「変わり者」というような意味だ。「ピ、ピ、ピ、ピ、ピ」と同じ音を続けて流す。そのあとで「プ」と違う音を流す。そうすると、脳の中で「今までとは違う音が聞こえてきた」という処理がなされ、その処理を反映した脳波成分が検出できる。変わり者を検出する脳内機構を反映した事象関連電位である。

こうした処理は、ヒトでは音に注意を向けていなくてもおこなわれ、事象関連電位として安定して測定できることが知られている。たとえば何か本を読んでいて、周囲の音が意識にのぼっていなくても、それまでと違う音がしたら、それに対応する事象関連電位が検出される。

ミズキを対象とした事象関連電位の測定で最初にオッドボール課題を選んだのはこのためだ。ヒトを対象とした研究でよく知られた現象であり、いろいろな状況でも安定して検出できる。そして実際、ミズキでもオッドボール課題でヒトと同様の事象関連電位が検出された。

自分の名前に対する反応

オッドボール課題に続いて、名前に対する事象関連電位を測定してみた。チンパンジーも、自分の名前を知っている。チンパンジーみんなで遊んでいる運動場に向かって「ミズキ」と声をかけると、ミズキがこちらを見る。「ロイ」と声をかけるとロイが振り向く。アフリカの野生で暮らすチンパンジーは話し言葉をもたず名前で呼び合うこともないが、人間が飼育して、チンパンジーに名前をつけて呼びかけながら暮らしていると、いつのまにかチンパンジーはそれが自分の名前だと学習する。

チンパンジーが自分の名前を理解できることは、チンパンジーにかかわる人々の間では自明のことだ。それは、特別なことではない。イヌを飼っている人でも言うだろう。うちのポチだって自分の名がポチだと知っている、と。ただし、ヒト以外の動物で、自分の名前に対する反応を客観的、科学的に検証した例はほとんどなかった。そこで、ミズキの脳波測定実験として、名前に対する脳波を調べてみることにした。脳波を測定しながら、スピーカから音声を流す。流す音声として、4種類用意した。まず1つ目は「ミズキ」で、ミズキ自身の名前。2つ目は「ツバキ」。ミズキの友達のチンパンジーの名前である。3つ目は「アスカ」。ミズキにとってこれまで聞いたことがない名前である。最後は人為的に作成した音声だ。音の特徴としては「ミズキ」とヒトが呼ぶのに似せているが、ヒトの声とはまったく聞こえ方が異なり「サッザッ」という雑音のように聞こえる。

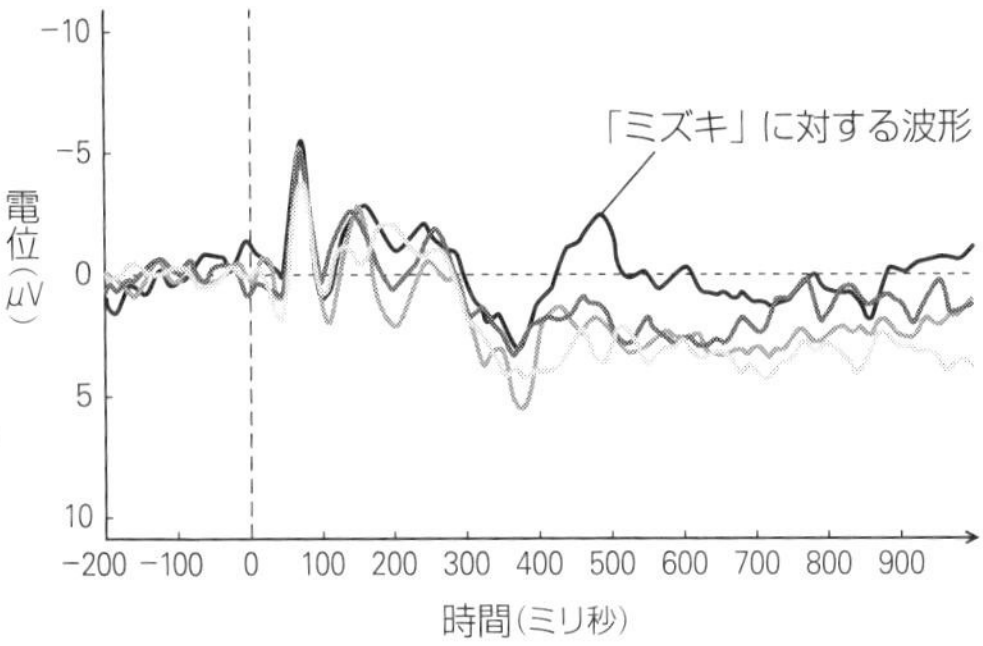

自分の名前が聞こえたときだけに現れる電位変化

　こうした4種類の音声をスピーカから流しながら、それを聞いているミズキの脳波を測った。その結果、音声の開始から500ミリ秒あたりで、「ミズキ」という音声に対してだけ大きなマイナス電位の波形が認められた。1ミリ秒は1000分の1秒なので、500ミリ秒は0・5秒だ。ヒトの子どもの脳波研究で、刺激開始から500ミリ秒後くらいにマイナス電位として観察される脳波成分が知られている。Ncとよばれるこの成分は、選択的な注意を反映すると考えられている。ミズキも、自分の名前に特に選択的に注意を向けた結果、このような脳波の成分が出現したのではないかと考えられる。

ただし、脳波を見ただけでは、「ミズキがどんなふうに自分の名前を認識しているのか」というところまでは分からない。われわれと同じように、自分の名前として認識しているのか、あるいは、もっと違う捉え方をしているのか。そのあたりは謎だ。自己認識とか自己意識といった問題と関係して、いまの科学水準では解明しきれない難問である。いずれにしても、自分の名前に対して脳が特別な反応をした、というのは正しい。大きな難問に向けての小さな一歩である。

チンパンジーの感情

音声を聞かせる脳波研究に続いて、画像を見せる脳波研究もおこなった。感情的な写真を見せて、ミズキの脳波を見てみよう、という試みである。

その前に、チンパンジーの感情について少し補足しよう。チンパンジーにも感情がある。少なくとも、そう見える。楽しいときには笑う。笑い声を文字に表すのは難しいが、小さな声で「ハハハハ」、大きな声では「ガガガガ」という具合だ。仲間と遊ぶとき、くすぐられたとき、こうした笑い声をあげる。悲しいとき、怖いときには「キャーキャー」と悲鳴のような泣き声をあげる。怒ったときには、「オッオッ」という声を出す。不安なとき、警戒しているときには、「ファオファオ」というような、甲高い声をあげる。チンパンジーにも人間に似た喜怒哀楽があるということは、チンパンジーの行動を見ていれば、きわめて自然に受け入れられることだ。われわれが感情を表すときにおこなうのと似たような行動を、われわれが感情的になるのと同じような文脈で、チンパンジーも見せるからである。

ただ、チンパンジーに感情があるということは、必ずしも自明なことではない。いまどんなふうに感じているかチンパンジーに問いかけても答えは返ってこない。感情は基本的に主観的な体験なので、本人の報告なしに、客観的、科学的に証明するのは簡単なことではない。だから、ヒト以外の動物全般に、感情に関する研究はあまり多くはおこなわれてこなかった。

チンパンジーの感情に関する、あまり多くない過去の研究例の中に、記憶と感情の関係を調べたものがある。感情は、記憶に深く関与する。感情的な体験が鮮明に記憶に残るということは、誰しも経験することだろう。このことは、脳機能と脳の解剖学的な特徴からも裏付けられる。脳の扁桃体《へんとうたい》という部位が、感情にかかわる脳部位の中で非常に重要だ。感情的な出来事を検出するのに扁桃体が働くと考えられている。この扁桃体の隣に、海馬《かいば》とよばれる部位がある。海馬は記憶を司る機能を果たす。この海馬と扁桃体の間には密接な神経連絡が存在する。このことから、感情的な出来事に際して扁桃体が強く活動し、それが海馬を刺激して、その結果として記憶が強く残ると考えられている。

チンパンジーで感情と記憶の関係を調べたのは、京都大学霊長類研究所の狩野文浩さんである。感情的な写真を、そうでない写真よりよく記憶することがあるのか、という問いだ。感情的な写真として、この研究では、野生チンパンジーが何らかの感情表出をしているシーンが選ばれた。それに対して、中立的な写真として、野生チンパンジーが穏やかに過ごしているシーンが選ばれた。そして、写真の記憶を確かめる研究の結果、チンパンジーでも感情的な写真を中立的な写真よりよく覚えていると考えられた。

感情的な写真を見たときの脳波

話題をもとに戻そう。感情的な写真に対する事象関連電位の測定である。ミズキが写真を見ているときの事象関連電位を測定してみることにした。狩野さんがおこなった感情的な写真の記憶に関する研究で使った写真の中から、15枚の写真を借りた。そのうちの3枚は、「感情的な写真」である。繰り返しになるが、チンパンジーが感情的表情をしている姿が写った写真という意味である。残りの12枚は「中立的な写真」である。チンパンジーがただ座っているだけの写真や、ふたりのチンパンジーが毛づくろいをしている写真などだ。

ミズキがこれらの写真を見ている間の脳波を測定した。その結果、感情的な写真と中立的な写真での事象関連電位の違いが見られた。両方の種類の写真に対して、写真呈示開始から250ミリ秒前後にピークがあるマイナス電位の波形が認められた。ここで、その波の大きさ、つまり振幅が違った。感情的な写真に対する振幅のほうが、中立的な写真に対する振幅より大きかったのである。写真を見始めてから250ミリ秒あたりから、感情的な写真に対して何か特別な脳内処理がなされていることを示している。250ミリ秒は、0・25秒である。写真を見始めてから0・25秒というかなり早い段階で、感情的な写真を何か違った形でミズキが捉えているというわけだ。

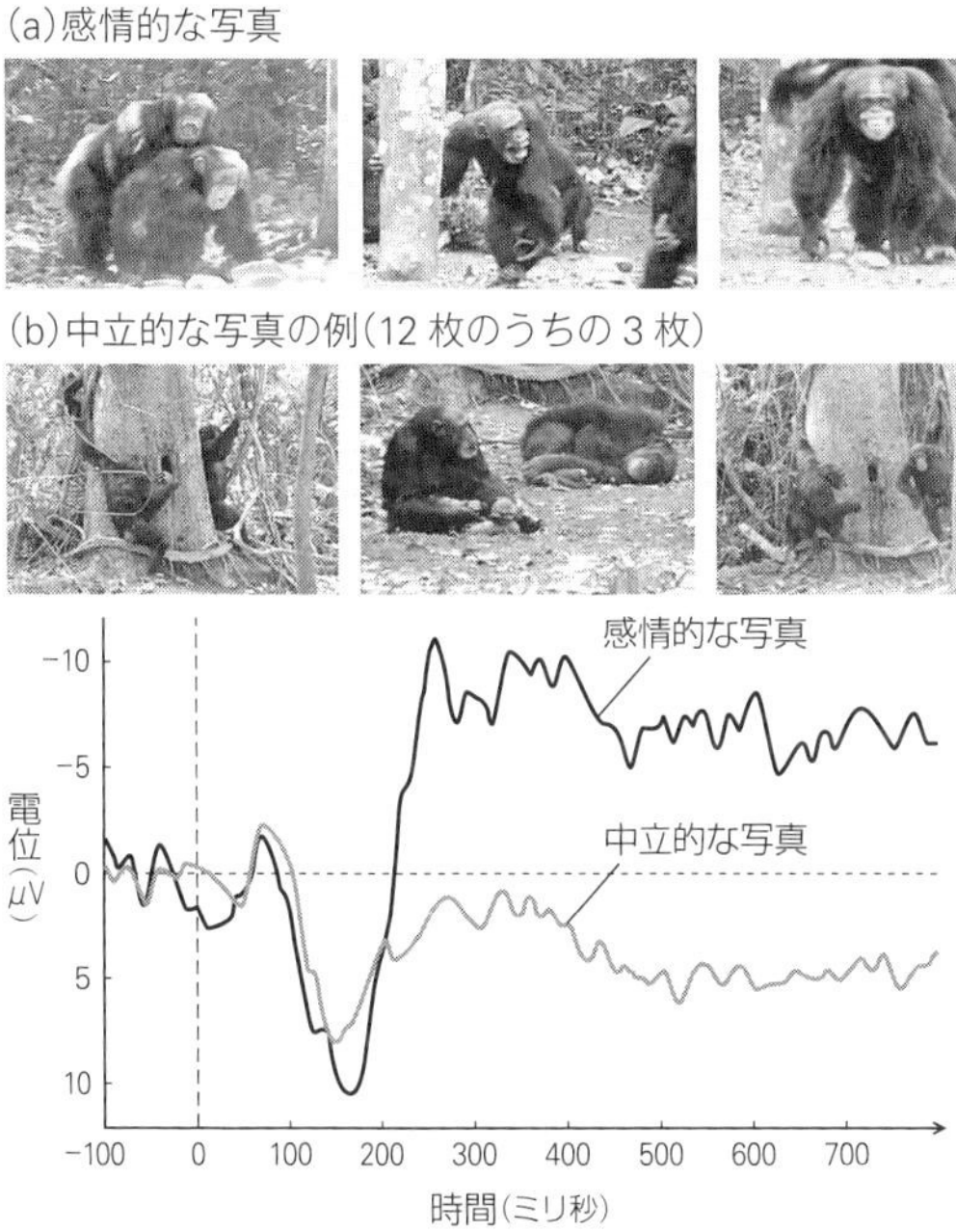

(a)感情的な写真
(b)中立的な写真の例(12 枚のうちの 3 枚)

中立的な写真よりも感情的な写真を見たときの方が大きくマイナス側に振れて，その後もその状態が続く

　写真呈示開始から250ミリ秒以降も、2種類の写真に対する波形の違いが続いた。感情的な写真に対する事象関連電位のほうが、より大きくマイナス側に振れているという状

態が続いていた。感情的な写真に対する特別な脳内処理が続いていることを示している。

こうした波形の違いは、何を物語っているのだろうか。ヒトを対象にした事象関連電位の多くの過去の研究から、次のように推測することができる。つまり、250ミリ秒あたりのマイナス電位の脳波は、写真に対する注意を反映した成分と考えられる。感情的な写真のほうに、中立的な写真より強い注意が向けられ、その脳内過程を反映したものであろうということだ。ヒトを対象とした同じような研究でも、同様の脳波成分が認められている。ヒトとチンパンジーで、同じ時間帯に、同じような脳内処理が感情的な写真に対しておこなわれるのではないかと考えられる。

残念ながら、事象関連電位の測定をしても、感情に直接関連した脳波成分が検出されるわけではない。脳波を見ても、「悲しい」と感じているとか、「怒っている」とか、そうしたことが分かるわけではない。したがって、感情的な写真を見たミズキが、どういった感情状態にあるのかということまでは分からない。しかし、少なくとも、写真を見始めてから0・25秒という早い段階ですでに、感情的な写真と中立的な写真に対する脳内処理が異なるということが示された。これは、感情的な写真のほうが記憶に残りやすいという研究結果を、事象関連電位の研究から裏付けるものだ。

共感

もうひとつ重要な点がある。感情的な写真として用いた写真が、野生チンパンジーが感情的な表情を表出している写真であるという点だ。つまり、脳波測定の対象となったミスキ自身を直接怖がらせたり怒らせたりするような写真というよりはむしろ、写真の中の他個体が何かに対して感情的になっている写真であるということだ。われわれヒトの場合、たとえばテレビなどで誰かが喜んでいるのを見ると、自分も一緒に嬉しい気分になったり、あるいは誰かが悲しんで泣いているのを見ると一緒に悲しくなったりする。共感や同情とよばれる現象である。

ヒト以外の動物で、共感や同情があるのか、あるとしたらどの程度なのか、詳しいことはまだ分かっていない。ただ、チンパンジーの普段の行動を見ていると、仲間の興奮が伝わって皆が興奮したり、緊張が伝わって皆が緊張したりということがよくある。共感や同情は、ヒトだけに見られるものではなさそうだ。ヒト以外の動物とも、ある程度共有した現象と考えるほうが妥当だ。ミズキの脳波の研究から、チンパンジーも他者の感情的な表情を素早く察知することが示された。他者の感情に敏感に反応して特別な注意を向けることは、共感や同情への第一歩である。チンパンジーにも、確かにそうした現象が見られる。

アイトラッカーにせよ脳波測定にせよ、チンパンジーは特に何かをしなければならないわけではない。ただじっと座っていればよいだけだ。その点、これまでのチンパンジー心理行動研究とは違う種類のものである。これまでの心理行動研究は、チンパンジーに何か課題をやらせたり、そのために訓練したり、あるいは特定の場面で何か行動するのを記録分析したりすることで研究が成立していた。アイトラッカーのような測定技術の進歩で、そうした従来の方法とは違う可能性が開けたわけである。

次章では、そのような最新技術を用いた研究を、もうひとつ紹介したい。

4

生まれる前から

4Dエコーでお腹の赤ちゃんを見る

2008年3月。ミズキのお腹《なか》に赤ちゃんがいた。まだまだとても小さい。このとき、受胎して9週目。その赤ちゃんは、ピーナツの殻のような形をしていた。2頭身といってもいいくらい大きな丸い頭と、それと同じくらいの大きさで少し細長い胴体。その胴体に、小さな2本の手と、2本の足がついていた。そして、手足をバタバタと動かしていた。なんともかわいらしい姿形、そしてかわいらしい動きだった。ミズキのお腹の中で、小さな命が確かに育っていた。

まだお母さんのお腹の中にいる赤ちゃんをこんなふうによく見ることができるのは、超音波画像診断装置によるものだ。正確には、先頭に「4次元」をつけて、4次元超音波画像診断装置、とよぶ。長くて漢字が多いので、以下では、通称として4Dエコー、もしくは単にエコーとよぶことにする。産婦人科でも最近はよく見かける。私たちは、世界で初めて、4

Ｄエコーでチンパンジーの胎児を観察することに成功した。

ヒトもチンパンジーも、生命の出発点は誕生の時ではない。生まれる前から、命は始まっている。お母さんのお腹の中で、胎児はすでに成長や学習を始めているのだ。

チンパンジーの知性を調べる。行動を調べる。発達を調べる。これまでのそうした研究は、生まれた後のチンパンジーを相手にしていた。われわれが接することができるのは、誕生したあとの赤ちゃんなのだから、むしろそれが普通のことだ。

しかし、技術の進歩に伴う４Ｄエコーの出現によって、事態は変わりつつある。この装置

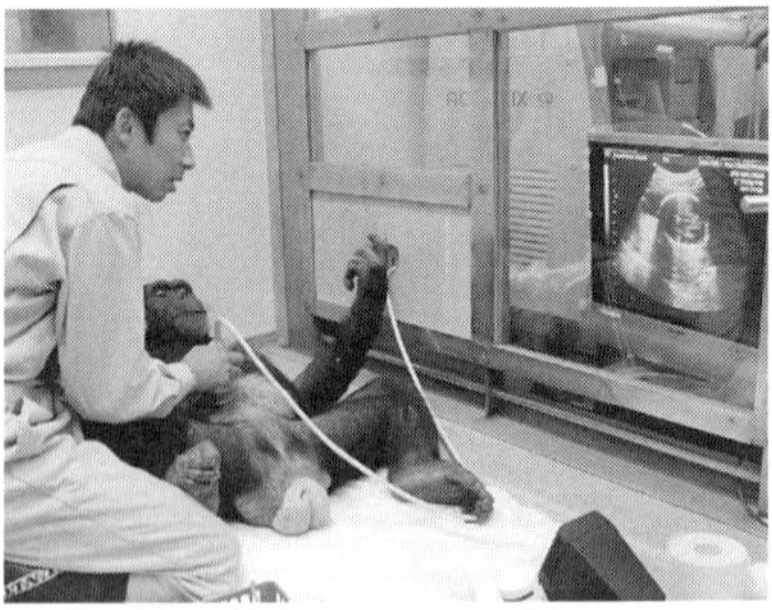

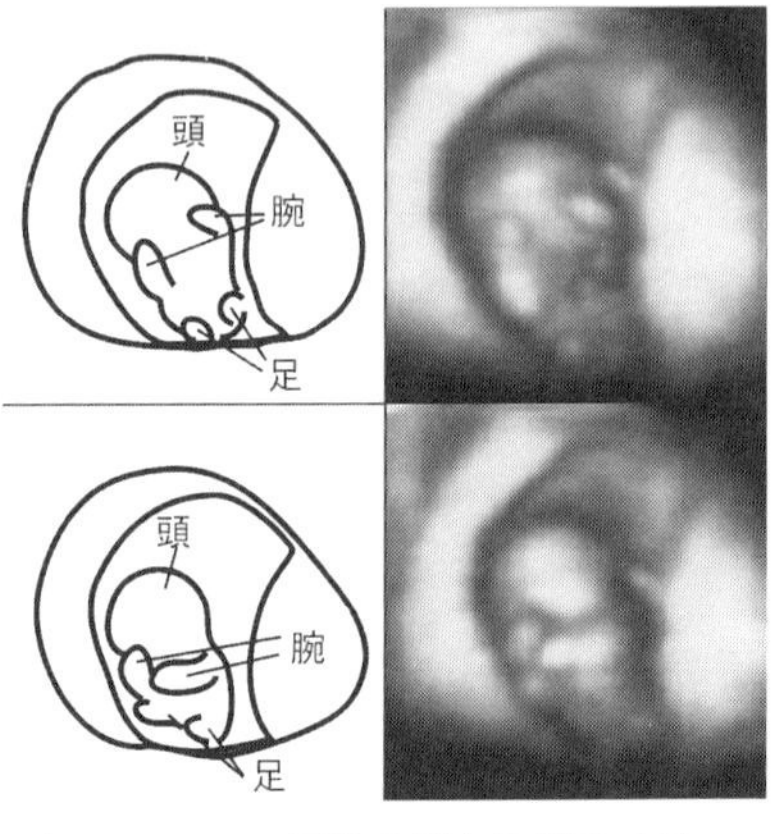

上：4D エコー画像の測定の様子　下：受胎後 9 週目のチンパンジー胎児の 4D エコー画像

を使えば、お母さんやお腹の中の赤ちゃんに特別の負担をかけることなく、お腹の中の様子を見ることができる。ヒトの発達を調べる研究者が、この装置を使って、胎児期の研究に着手し、お腹の中の赤ちゃんの行動や発達を明らかにしようとするようになった。それによって、胎児期からの発達の様子が明らかになりつつある。チンパンジーでも同じことができるはずだ。やってみないと分からないが、なんとなくできそうな気がする。そう思って、4Dエコーでチンパンジーの胎児を見てみることにした。チンパンジーの知性や行動のおおもとを、胎児期から調べてみよう、というわけだ。

本当に世界で初めての4Dエコーによる胎児観察は、冒頭に紹介したミズキではなく、ツバキが妊娠したときにおこなった。ミズキと同じ、林原類人猿研究センターのチンパンジーだ。その時のことを、少しさかのぼって書くことから始めよう。

練習を重ね、ついに見えた！

2004年11月、ツバキが妊娠した。ヒト用の妊娠検査薬でツバキの尿を調べたところ、陽性反応が出た。ツバキ、8歳9か月である。子どものころから林原類人猿研究センターで育ち、思春期を迎えて、そして妊娠に至った。チンパンジーが初めて妊娠する年齢として、平均よりやや早いようだが、十分出産可能な年齢である。チンパンジーの性成熟は、ヒトより少し早い。ただ、ヒトと同じく、初産の場合は状態が不安定なことも多いため、慎重に経過を見守った。

年が明けて2005年になっても、ツバキは元気だった。状態は安定しているようだ。そこで、いよいよ、4Dエコーでの検査をしてみることにした。実施に先立って、母親のツバキのお腹にジェルを塗る、プローブをあてる、毛を剃《そ》る、機械がある部屋に入る、床に横になる、こうしたことに徐々に慣れてもらった。段階的に、2か月間かけて本番の雰囲気に近づけた。

はたしてヒト用の検査機械でチンパンジーの胎児が見られるのだろうか。できそうな気はしていたが、過去に例のないことで、まったく確信はなかった。臨床検査技師の方に来ていただいておこなった第1回目の検査では、残念ながら胎児の顔を捉えることはできなかった。ただしそれは、胎児の姿勢がたまたま背中向きだったためで、次の機会にお腹側を向けてくれることがあれば、顔が見える可能性はあった。

臨床検査技師の方がいないときも、素人ながら自分たちだけで検査を続けた。最初は、エコーで映る画像を見ても、何が何やらさっぱり分からなかった。しかし、「読書百遍意自ずから通ず」と故事にも言うとおり、面白いもので、続けていくにつれて、徐々にエコー画像を解読できるようになってきた。

2005年4月26日、はじめて、胎児の顔をそれらしく捉えた画像を得ることができた。目があり、鼻があり、口がある。直接目では見えない胎児の姿が見える先端技術に、あらためて感心した。その後、出産にいたるまで、最初の検査から数えて計35回、367分の検査をおこなった。胎児は動いているときもあれば、動かないときもある。逆子《さかご》の体勢になっていることもあれば、正しく頭が下になっていることもある。母親のお腹の中で、赤ちゃんは活発に動いているようすだ。口を閉じたり開けたり、手を動かしたり、そうした動きも観察された。

実は、ツバキのお腹をエコーで見ていた期間、同じ集団の別の女性チンパンジー、ミズキやミサキでも、エコーで見る練習をしていた。ふたりが妊娠する前の話だ。そのうちのひとり、ミサキが、2007年末に妊娠した。そして、胎児をエコーで観察する試みを開始した。そして過去にある程度練習していたので、比較的短い準備期間でエコーでの観察に成功した。そしてその後、ミズキの妊娠も判明した。ミズキでは、さらに早い段階から胎内を観察することができた。

こうして、チンパンジー3にんの赤ちゃんの、胎児期からの観察に成功した。ツバキの赤ちゃんは胎齢22週からの観察、ミサキの赤ちゃんは胎齢9週からの観察、ミズキの赤ちゃんは胎齢4週からの観察である。

お腹の赤ちゃんの様子

お腹の中で、チンパンジーの赤ちゃんはどんな風に過ごしているのか。結果を要約すると、

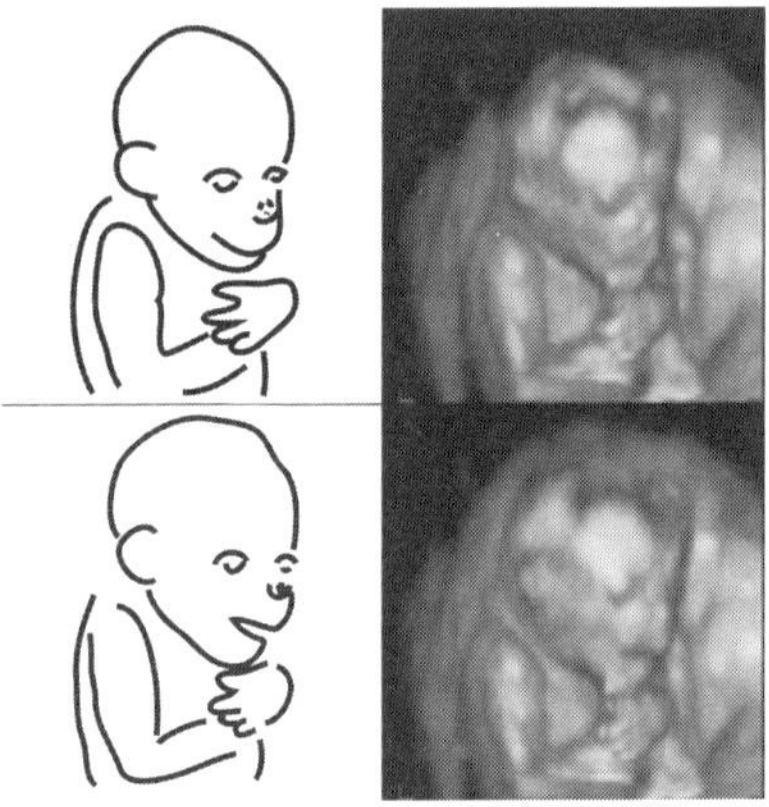

胎齢13週のチンパンジーの赤ちゃん

ヒトの赤ちゃんの場合と非常に似ている。ミズキの胎児が8週齢のとき、はじめて明瞭にエコーで胎児の運動の様子がとらえられた。腕や足を前後左右に大きく活発に動かしていた。

12週あたりから、へその緒がはっきり見えるようになり、胎盤も大きくなった。胎児がへその緒を通じて母親から栄養をもらう態勢が整ったことが分かる。ほぼ同時期、手指がエコー画像でも判別できるようになり、手足や口を使った運動が観察されるようになる。脚の膝《ひざ》を曲げて屈伸したり、蹴《け》りだしたり。手を握ったり開いたり。そして口を開けたり閉じたり。いろいろな運動が見られる。

16週あたりから、両手両足を口の前に持ってきて、両者を接触させているらしい様子がよく見られるようになった。19週では、体毛が見えるようになった。チンパンジーの全身は、黒い毛でおおわれる。21週では、指を口に入れるのがはじめて確認された。それ以降、手指や足指を口の中に入れている姿が何度かとらえられた。おっぱいを吸うときの吸啜《きゅうてつ》反応の口の動きや、口を大きく開け閉めするあくびのような動きもする。そうして、3にんの赤ちゃんとも、33週目から34週目で、外の世界に出てきた。チンパンジーの妊娠期間はおよそ230日から240日で、ヒトより1か月ほど短い。

脳の発達

赤ちゃんがお腹の中にいる間、その行動を見るだけではなく、もうひとつ別の特徴を探る研究もおこなった。脳の発達だ。人類の脳は、ホモ属(*Homo*)の登場以降、急速に大きくなった。特に大脳は、他の霊長類に比べて、かけ離れて大きく発達している。ヒトを特徴づける高い知性は、こうした巨大な脳に支えられている。

ヒトはいかにして巨大な脳を獲得するに至ったのか。その答えを知るための手がかりのひとつは、化石の発掘調査から得られる。200万年前のアウストラロピテクスの脳容積は約450㎤、180万年前のホモ・ハビリスは約600㎤、100万年前のホモ・エレクトゥスは約900㎤、そして現在のホモ・サピエンスは1200〜1500㎤である。化石調査によって、こうした脳の巨大化の軌跡を明らかにすることができる。そして、直立二足歩行に伴う体骨格の変化など、体のつくりと脳の巨大化との関連なども探ることができる。

さらに別の視点として、「発達」と「種間比較」があるだろう。「発達」は、受胎した後の発達的変化のことである。ヒトの脳は、受胎後の発達過程でどのように形成され、巨大化していくのだろうか。「種間比較」は、ヒト以外の動物と比べてみることである。ヒトの脳は、ヒト以外の動物の脳と比べて、どのような特徴をもつのだろうか。

赤ちゃんとして生まれてきた時点で、チンパンジーとヒトの脳の大きさは異なる。チンパンジーの新生児の脳容積は約１５０㎤であり、一方ヒトの新生児の場合は約４００㎤である。こうした違いがいつどのように生じているのかについては、これまで分かっていなかった。チンパンジーも含めて、ヒト以外の霊長類の赤ちゃんの母胎での発達変化を調べた研究がほとんどなかったからである。そこで、チンパンジーのエコー検査で得られた胎児画像から、脳の大きさを測定してみた。

推定受胎日を起点として数えた胎齢15週前後から、信頼できるデータを得ることができるようになった。ヒトの場合も、過去の研究でおよそ胎齢15週前後からデータが得られている。チンパンジー胎児の場合、胎齢16週での胎児の脳の容積は約16㎤だった。ヒト胎児の同時期では平均33・6㎤である。この時点でチンパンジー胎児の脳の容積はヒトの約半分ということになる。

その後しばらく、チンパンジー胎児の脳容積は加速度的に成長した。胎齢16週での脳容積の成長速度は推定約6㎤／週である。1週間で6㎤の脳容積の増大があったということだ。これが胎齢20週を過ぎるころには10㎤／週を超える成長速度になった。ヒトの場合も、この時期は脳容積が加速度的に成長する。つまり、成長速度がどんどん増大していく。チンパンジーとヒトとを比較して、胎齢20週頃までは、加速度的に成長するというそのパターンは共通だった。

しかし、妊娠中期にあたる胎齢20〜25週ころに、大きな違いが現れた。チンパンジー胎児の脳容積の成長速度が、そこで頭打ちになるのである。つまり、成長の加速が妊娠中期に止まる。一方、ヒトの場合は、妊娠後期まで脳容積の加速度的な成長が続くことが明らかになっている。

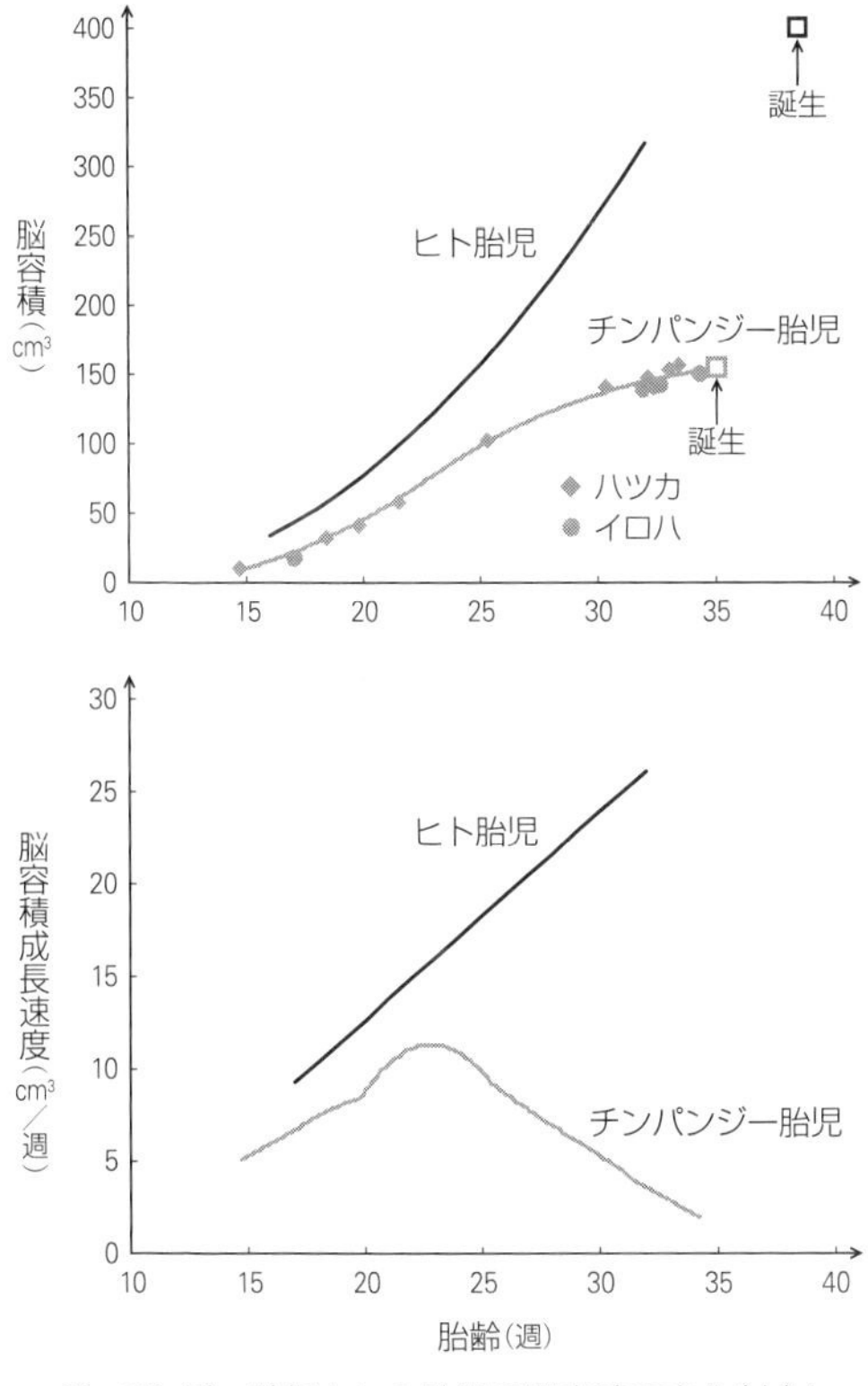

チンパンジー胎児とヒト胎児の脳容積の変化（上）と成長速度（下）
（出典：ヒト胎児の成長曲線は Roelfsema et al. 2004; チンパンジー新生児は Ponce de León et al. 2008; ヒト新生児は Hüppi et al. 1998 より）

チンパンジーの妊娠期間はおよそ33～34週であり、ヒトの妊娠期間は平均38週である。ヒトの妊娠期間がチンパンジーより約1か月長いということや、身体全体の成長パターンが違うことも、出生時の赤ちゃんの脳容積の違いの一因であろうことを補足しておきたい。ヒトの赤ちゃんは身体そのものが大きく生まれるのだ。

ヒトは出生直前まで加速度的に脳を増大させ、チンパンジーの場合は妊娠中期には加速を止める。言い換えれば、ヒトの脳の巨大化は胎児期からすでに始まっていると言える。胎児期の後期まで脳容積の成長が加速しつづけるという発達様式は、ヒトの祖先がチンパンジーとの共通祖先から分かれた後、ヒトの系統で独自に獲得した特徴であると考えられる。

私たちの研究によって、チンパンジーとヒトの脳の大きさの違いが、いつ、どのように生じるのかについての答えが得られた。するとそこから、次の疑問がわいてくる。「チンパンジーは妊娠中期に脳容積成長の加速が止まるのに、なぜヒトでは妊娠後期まで加速が続くのか」という問いである。

ヒトの胎児の研究から、妊娠中期以降に、脳内の神経回路網形成のための様々な現象が起こることが知られている。軸索やサブプレートの形成、シナプス結合、グリア細胞増殖などである。こうした現象と、脳成長の加速度的増大とが関連している可能性を指摘できる。

こうしてチンパンジーの胎児とヒトの胎児の共通点と違いが明らかになった。一方で、今後に残された課題も明白である。ヒトのヒトらしさを探るには、出生後だけでなく胎児期にも目を向けることが重要だと言える。私たちの研究は、そのことをはっきりと示している。

チンパンジーの出産

お腹の中の赤ちゃんチンパンジーたちをエコーで見ることができて、私たちはその赤ちゃんに出産前から親しみを覚えていた。エコーを経験した人間のお母さんお父さんたちも同じはずだ。エコーがないとお腹の中の様子はまったく分からないが、エコー画面には、お腹の中で確かに育っている赤ちゃんの様子がはっきりと映る。お母さんは、自分の体にいる赤ちゃんにより一層の親しみを感じるだろう。お父さんは、自分が父親になること、すでに父親になったことを実感するだろう。生まれてきたら、どんな赤ちゃんだろう。どんな顔だろう。不安と期待の入り混じった気持ちになるに違いない。私たちも、チンパンジーの赤ちゃんに対して、似たような気持ちだった。赤ちゃんはヒトではなくチンパンジーだが、自分がその父親やおじいちゃんおばあちゃんになったような気がした。

3にんの妊婦チンパンジーは、みんな無事に出産した。私たちは、出産予定日の1か月くらい前から、1日24時間、交代でそれをじっと見守った。人間のお母さんなら陣痛を自覚して周りの人に教えてくれるし、出産のために自分から産婦人科に行ったり助産師さんを呼んだりするだろう。しかし、チンパンジーは教えてくれない。出産はいつ起こるか分からない。それで、24時間態勢で見守ったわけだ。そして、3にんとも、出産の様子をしかと見届けることができた。しかも、その様子を間近からビデオ録画することができた。

3例の出産のうち、最初はツバキだ。2005年7月8日午前3時、ツバキに陣痛の兆候が認められた。普段なら静かに眠っているはずの時間だが、目を覚まして動き、下半身に力を入れて踏ん張るような姿勢をとる。その時間の監視をしていた担当者から全員に連絡が行き、関係者が集まった。ツバキの様子は、寝室に取り付けた暗視対応の遠隔カメラでとらえられ、人間用の別室でモニターに映し出されていた。皆でそのモニターを見守った。

ツバキはその後もずっと目を覚まして、四つん這《ば》いになったり、ごそごそ動いたり、落ち着かない様子だ。ある程度の間隔を置いて陣痛もきているらしい。いきむような体勢をとる。

夜が明けて7時半、ツバキを別の部屋に連れてきて、いよいよ出産準備態勢に入った。数十分から数分の間隔で、いきむ格好を繰り返す。

そして9時22分、無事に赤ちゃんを産んだ。床に敷きつめてあったワラに産み落とすような形での出産だった。ツバキの産道から出てきて、仰向けの格好でワラの上に落ちた赤ちゃんは、キャキャキャキャと甲高い声をあげた。ツバキがすぐに抱き上げた。女の子だった。赤ちゃんはナツキと名づけられた。夏に生まれたツバキの子どもという意味で夏椿、ナツキだ。

次のミサキ、ミズキも、元気な赤ちゃんを産んだ。ミサキは、2008年6月20日、寝室にいるときに陣痛の兆候が確認された。午前1時半。いつもなら眠っている時間だが、目を覚まして、うつぶせになったり寝転がったりを繰り返した。午前3時、準備を整えた別の部屋にミサキを連れてきた。すでに陣痛の間隔は短い。数分おきに体をよじらせていた。4時過ぎ、ミサキの産道から赤ちゃんの頭がのぞいた。もうすぐだ。そう思ったが、そこから先が意外に長かった。ミサキがあちこちゴソゴソもぞもぞして、1時間ほど経過した。そして、5時1分、いきなりつるんと赤ちゃんが出てきた。女の子だ。6月20日、初夏の生まれで、そして20日生まれであることから、「ハッカ(初夏)」と名づけられた。

最後のミズキは、2008年9月5日、運動場で仲間と一緒にいるときに陣痛の兆候が確認された。15時半。いつもと違って落ち着きがない感じがする。少し様子を見守った。16時、間違いなく陣痛がきている。そわそわと動き回り、下半身に力を入れるような格好をする。急いで出産準備態勢を整え、17時に出産用の別室にミズキを連れてきた。17時33分、出産した。女の子だ。関係者が名前の候補を考え、何度かの決選投票ののち、「イロハ(紅葉)」に決まった。

チンパンジーの出産は、ヒトに比べたらすんなりといくようだ。最初の陣痛からお産までの時間は、ヒトの場合の平均より短い様子である。そして、チンパンジーの場合、あっという間にスルッと出てくる。

出産時の赤ちゃんの顔の向き

ツバキ、ミサキ、ミズキの3にんのチンパンジーの出産の過程は、すべてビデオで録画していた。そのビデオ映像から、意外な発見があった。3例すべてで、赤ちゃんの顔はお母さんの背中側を向いて産道から出てくるのだ。そして、顔が産道から出てきた後に、体が旋回する。

これまで、こうした赤ちゃんの生まれかたはヒトに特有のものと考えられてきた。人類学者は、ヒトの出産では赤ちゃんの顔が母の背中側を向いて生まれることから「助産師」が必要になったのではないかと論じてきた。私たちのビデオ記録は、ヒトの出産の進化に関する定説に再考を迫るものになった。

ヒト以外の霊長類の出産場面が、研究者によって観察されるのは極めて稀なことである。一般に、出産する際に母親は安全なところに隠れるようにして産むことが多い。また、どのタイミングで出産するのか正確には分からない。したがって、研究者がその場面を観察できる機会はほとんどない。しかし、林原類人猿研究センターの出産例では、間近から、鮮明なビデオ映像として記録することができた。これには、定期的なホルモン検査によって出産時期を予想し、出産予定日より十分さかのぼった日から24時間態勢でスタッフが監視を続けたこと、そして、チンパンジーとスタッフとの間に非常に強い信頼関係があったこと、以上の2つの理由を挙げることができる。学術的に非常に貴重な記録となった。

このビデオ記録をもとに、赤ちゃんが生まれてくるときの体勢を再確認することができたわけだ。ビデオなので何度も繰り返し見直して確認することができる。そして、スロー再生にして、より正確な判定ができる。その結果、出産3例とも、赤ちゃんが母親の産道から出てくるときに、顔が母親の背中側を向いていることが確認された。また、そのあとで、赤ちゃんの頭と体がやや旋回しながら生まれてきた。これまではヒトだけに見られると思われてきた特徴である。

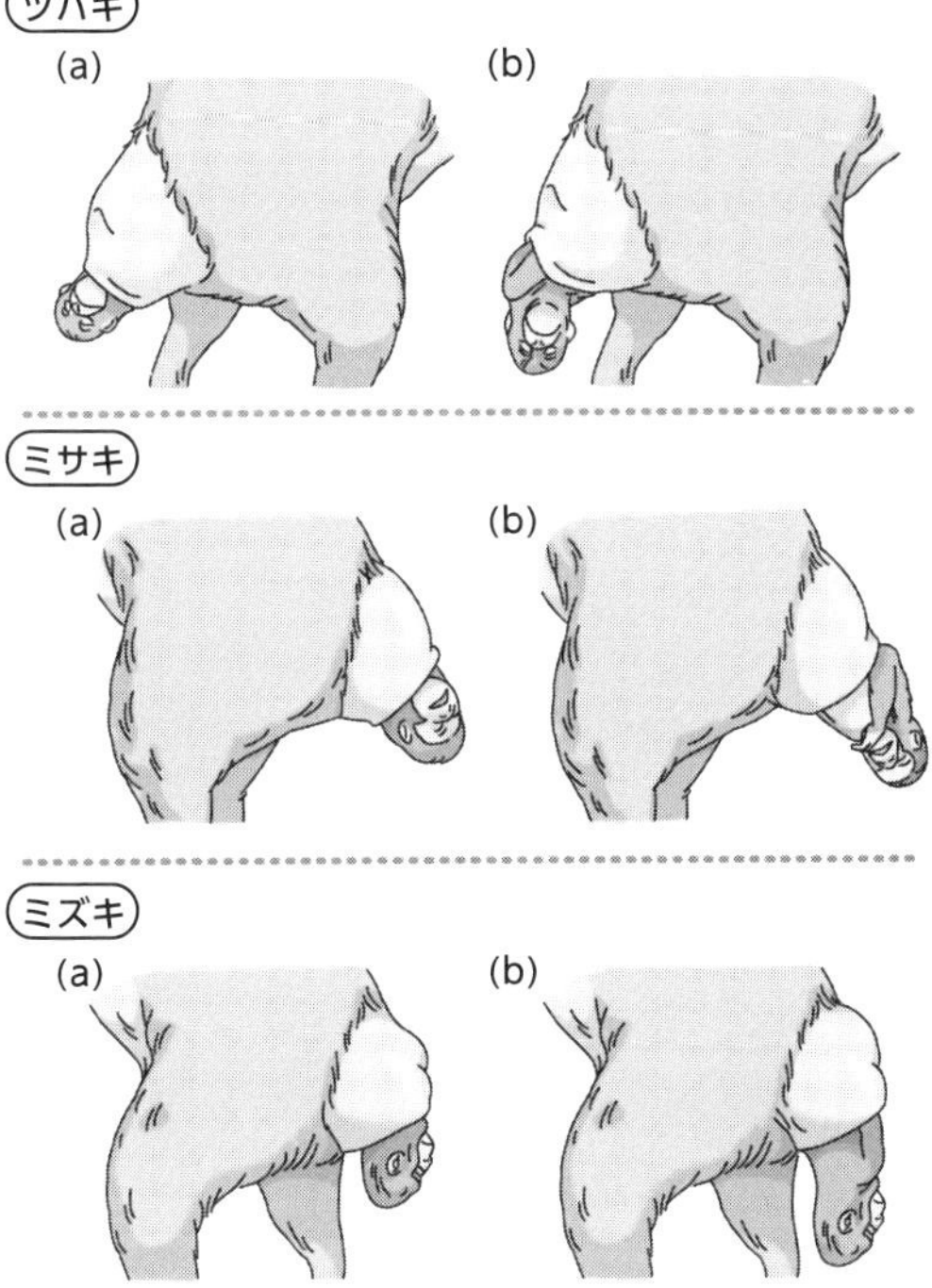

チンパンジーの出産3例．赤ちゃんの顔の向きに注目．産道から顔が出るときは背中側を向き(a)，そのあと体を旋回させながら出てくる(b)

人類学では、ヒトの二足歩行にともなって骨盤の形が進化し、また、頭が大きくなったことで、出産の様式も特殊化したと考えられてきた。ヒトの赤ちゃんの顔が母親の背中側を向いて産道から現れ、また、産道を通過する過程で頭と体が少し旋回するのは、こうした影響によるヒト独自のものであると考えられてきた。

一方、従来の説では、ヒト以外の霊長類では、赤ちゃんは母親のお腹側を向いて出てくるとされてきた。これによって、母親は、出産直後に赤ちゃんを自分の胸に引き寄せて対面型で抱くことができる。ちょっと想像してみていただきたい。自分の産道から赤ちゃんが出てくる。赤ちゃんの顔は自分のお腹側を向いている。そうすると、そのまま頭を上に引き上げて抱くと、赤ちゃんと自然に対面することになる。

ヒトの場合は、多くで、赤ちゃんの顔が母親の背中側を向いている。そうすると、産道から出た直後に引き寄せて対面型で抱くのは難しくなる。さきほどと同じ要領で、想像してみよう。自分の産道から赤ちゃんが出てくる。赤ちゃんの顔は自分の背中側を向いている。そうすると、そのまま頭を上に引き上げて抱くと、赤ちゃんはえび反りだ。このことから、人類学者は、ヒトでは助産師のように出産の補助をする者が必要になったと考えてきた。お母さんが赤ちゃんを自然に取り上げるのが難しいからだ。

ヒトだけが独特の生まれ方をするという従来の学説は、私たちの観察記録によって、考え直す必要が出てきた。そもそも、この説は、ヒト以外の霊長類に関する十分な証拠に基づいていなかったのだと思う。ヒト以外の霊長類の出産について、もともと報告が少ない。出産のときの赤ちゃんの顔の向きや体勢については、さらに報告が少ない。そうしたわずかな報告で、赤ちゃんの顔はお母さんのお腹側を向いているとされてきた。しかし私は、その報告をした研究者には申し訳ないが、観察者が見間違えた可能性があると思う。過去の報告例はすべて、研究者の肉眼による直接観察だけに基づいていて、ビデオを見直して検証した例はなかった。

自分がチンパンジー出産のビデオを見直したので実感するのだが、出産の瞬間を肉眼で見ただけでは、そのとき赤ちゃんの顔がどの向きだったのかを見極めるのは極めて難しい。赤ちゃんは、一瞬にして、スルッと出てくる。そして、体が出終わるまでに旋回するので、産道から出始めたときの顔の向きと、出終わったときの顔の向きは違う。さらに、お母さんが赤ちゃんをすぐに抱くと、いつの間に何が起こったのかとても分かりにくい。

実際、チンパンジーの出産3例のうち1例、ミサキの場合には、赤ちゃんが出てきてすぐにお母さんが抱いた。抱いたときには赤ちゃんはお母さんに向き合う形になっていた。赤ちゃんの顔は確かにお母さんの背中側を向いて出てきたが、そのあとで旋回すること、そしてお母さんが抱きあげるときにさらに少し体を回しながら抱き上げることで、いつのまにか、赤ちゃんの顔はお母さんのお腹側を向いていた。肉眼で見ただけだと、赤ちゃんの顔は最初からお母さんのお腹側を向いていたと錯覚しても不思議ではない。

ビデオ記録は偉大だ。何度も同じシーンを見直すことができる。スローにしたり、一時停止したりすることもできる。一昔前は、動物の行動研究は研究者が肉眼で直接観察し、それをノートに記録することで成立していた。それが、ビデオカメラの普及で、様相が一変した。多くの研究者がビデオで行動を記録し、それを見直して分析するようになった。精度が上がり、いろいろなことが分かるようになった。

閑話休題。チンパンジーの出産に関する私たちの発見に関して、もうひとつのことが言える。それは、われわれが、人間は特別だと思い込みがちだということである。従来、ヒトの赤ちゃんの出産時の体勢は他の霊長類と違って特別だとされてきた。産婦人科の多くの教科書に、確かにそう書いてある。しかしそれは、十分な証拠に基づいていなかった。

われわれは、特に根拠なく、人間が特別だと考えることが多い。20世紀中盤まで、ヒトだけが道具を使う賢い生き物だと思っていた。しかし、野生チンパンジーが道具を使うことが分かって、その考え方は覆された。ヒトだけが文化を持つ生き物だと思われてきた。しかし、ヒト以外の霊長類でも文化的な特徴が認められることが分かった。

確かに、ヒトとヒト以外の動物とは違う。しかし、人間だけが特別なのかどうか考えるためには、きちんとヒト以外の動物を研究することが大切だ。チンパンジーの赤ちゃんの出産時の顔の向きに関する私たちの発見は、そうしたことをあらためて思い知らせてくれるものだ。

5 母性——本能と経験と

ある朝の異変

その日、私はチンパンジーの朝食と健康チェックの当番だった。いつものように、みんなの分のリンゴやバナナなどの朝ごはんを用意した。そして、チンパンジーの居住空間に続くドアを開けた。

そこで目に入った光景に、一瞬「あれ？」と思った。私の見間違いかと思った。もう一度見たが、やはりおかしい。ミサキが、赤ちゃんを抱かずにひとりで歩いていた。出産して1か月近く、昨日までずっと肌身離さず抱いていた赤ちゃん、ハツカの姿が見えない。私は、慌ててハツカを探した。病気や事故にあったのかもしれない。心配したが、ハツカはすぐに見つかった。別のチンパンジー、ミズキが抱いていた。

これが、そのあとに続く一連の苦難の出来事の始まりだった。

ミサキの赤ちゃんがミズキに奪われた？

前章まで、研究の話を書いてきた。この章は、研究から離れた話にしてみたい。ミサキの育児について、いや、正確には育児放棄についてである。

母親のミサキは、ハツカの出産が初産で、9歳での出産だった。出産直後から、ミサキは問題なくハツカの面倒を見ていた。産んですぐにハツカを抱き上げ、それからずっと肌身離さず抱いていた。授乳もすぐに開始し、ハツカは順調に育っていった。出産時には、万一のことを考えてミサキを他のチンパンジーとは別の部屋に移したが、子育てが順調であることから、出産後1週間で他の仲間と合流させた。仲間たちも母子を問題なく受け入れた。

そんな経緯から、まさかミサキが育児放棄をするとは思ってもみなかった。出産から41日目の朝、ハツカをミズキが抱いているのを見たとき、私は、原因は母親のミサキにあるのではなく、ミズキがミサキの赤ちゃんを奪ってしまったのだと思った。そして、解決するには、ミズキからハツカを取り戻してミサキに返してあげればよいだけだと思った。ミサキは、ミズキより年が若く体も小さいので、自分の子どもをミズキに奪われてしまっても、自力では取り返せなかったのだろうと思った。

ミズキからハツカを取り戻すにあたって、ひとつ問題があった。ハツカを抱いていたミズキが、かなりパニックになっていた。私が目撃した時点では、抱いていたというより、正確には、ハツカにしがみつかれたミズキはどうしたらよいのか分からない様子だった。ミズキは、泣き声をあげながら、あちこち素早く動き回ったり、自分の体を激しく揺らしたりしている。自分にしがみついているハツカを振り落とそうとしているようだ。また、ハツカも断続的に泣き声をあげていた。

ミズキ自身は、この時点で子育ての経験がなかった。そして、ミズキはミズキのお母さんから育児放棄されたため、人間の手で育てられた。パニック気味になっているミズキを見て、おそらく最初は興味本位でハツカをミサキから奪ってしまったものの、ハツカにしがみつかれてどうしたらよいのか分からなくなってしまったのではないかと思った。

私ひとりで対処するのは危険そうだ。そこで、他のスタッフの洲鎌圭子さん、不破紅樹さんに来てもらうことにした。不破さんは、林原類人猿研究センター設立当初からチンパンジーの面倒を見ているスタッフで、チンパンジーたちと一番強い絆を築いていた。不破さんと一緒に、洲鎌さんと私が、ミサキ、ミズキ、ハツカのいる部屋に入った。そして、不破さんがミズキを落ち着かせ、ミズキからハツカを取り戻すことに成功した。さらに、取り返したハツカを、お母さんのミサキのお腹に戻そうとした。

ハツカを抱こうとしないミサキ

しかし、当時のわれわれにはまったく予想外の反応がミサキから返ってきた。なんと、ハ

ミサキはハツカを抱こうとしない

ツカを抱こうとしない。ハツカがミサキにしがみつこうとしても、ミサキはその手を振りほどいて床に置いてしまった。

　最初に思ったほど、問題は単純には解決しないようだ。ミサキがハツカを抱かない何らかの理由があるに違いない。まず考えたのは、乳腺炎ではないかということだ。ミサキの乳腺に炎症が起こって母乳が詰まり、ハツカに吸われると乳房が痛くて嫌なのかもしれない。そこですぐに、不破さんがミサキの乳房をマッサージしてみた。ミサキは、痛がるそぶりはまったく見せない。そして、乳房をマッサージすると、母乳がちゃんと出てきた。乳腺炎の可能性は低そうだった。

　それから何度か、不破さんがハツカをミサキのお腹に近づけたが、ミサキは抱こうとしなかった。乳首を吸われるのが嫌なのではなく、抱くこと自体を拒否していた。ハツカは、落ち着きがなく断続的に泣き声をあげた。それでもミサキは、ハツカに対して何の反応も示さなかった。

ハツカをミサキに強引にくっつけて、ミサキとハツカだけを別の部屋に移してみた。しかし、ミサキはハツカを自分の体から離し、下に置いてしまった。そのまま待っていても解決しそうにない。いったんハツカを人間が預かってスタッフ用の部屋に移すことにした。しばらく時間をおいて、もう一度ハツカをミサキに戻そうと試みた。ミサキだけを他のチンパンジーから分けて部屋に連れて来て、スタッフがハツカを抱いて同じ部屋に入り、ミサキに抱かせようとした。しかし、ミサキはまったくハツカを抱こうとしなかった。ミサキに拒否されたハツカは、まだ寝返りも打てない状態で、床に仰向けになったまま大声で泣いた。それでもミサキはほとんど無反応だ。

育児放棄

育児は、哺乳類にとって最も根本的な行動のはずだ。子は、親に育ててもらわねばならない。そして、親は子を育てなければならない。育児行動がそんなに簡単にこわれてしまうことはないはずだ。しかし実際は、ヒトでも、チンパンジーでも、その他の哺乳類でも、育児放棄は起こる。

飼育下のチンパンジーでは、約50パーセントの割合で育児放棄が起こる。ただし、生後の経験によってその割合は異なる。自分の母親に育てられ、他のチンパンジーと一緒に集団で育った個体は、育児放棄の割合は低くなる。逆に、自分の母親から育児放棄されたり、ひとりで飼育されていたりした個体は、自分が親になったときに育児放棄する割合が高くなる。育児がきちんとできるようになるためには、経験と学習が重要だ。また、育児放棄の多くが、出産後すぐに起こるようだ。生まれてきた赤ちゃんにどう対応してよいのか分からない、育て方が分からない、というのが主要な要因だと考えられる。

ところがミサキの場合、出産後1か月は何も問題なく子育てをしていた。育て方を知らないから育児放棄をした、というわけではない。ミズキに奪われただけ、というわけでもない。ただし、ミズキに奪われたあまりのショックに、糸が切れたように育児をやめてしまったということは考えられる。なぜミズキがハツカを抱いていたのか、そのきっかけを誰も目撃しておらず、映像も残っていないので、今となっては知る術がない。

産後の抑うつ

振り返って考えると、出産後のミサキは元気がなかったように思う。育児は確かに問題なくおこなっていた。ずっとハツカを抱いていたし、授乳もおこなっていた。しかし、ミサキの体重は出産後少しずつ減り続けていた。食欲があまりない様子だ。そして、主観的な印象であるが、表情が乏しくなっていた。遊んだり笑ったりしなくなった。育児放棄が起こった最初の日以降は、泣き叫ぶハツカを見てもほとんど無反応で、まるでプッツリ気持ちの糸が切れてしまったかのようだった。

ヒトの場合、出産後に母親が子どもとうまく愛着形成できない要因の多くに、産後うつ病、もしくは産後抑うつ状態がある。産後1か月は、心身ともに激しい変化を経験することから、精神的に危機的状況に陥りやすい時期だ。食欲や気力の減退が生じたり、子どもに対する愛情的な働きかけが少なくなったり。あるいは、子どもの声に対する反応が少なくなったり。正確には、うつ病は精神医学的な疾患で、抑うつ状態とは異なるものとして区別されるが、両者はまったく異質なわけではなく、症状としては連続性があるものと考えられる。

チンパンジーにも産後うつ病や産後抑うつ状態があるのかどうか、過去に報告はない。そもそも、ヒト以外の動物にうつ症状が生じるのかどうか、科学的に調べられたことはないようだ。うつ病や抑うつ状態は、ヒトに特有の高度な知性と表裏一体のものとして、ヒトだけに発症する心の病と考えられることが一般的だ。

ミサキが育児放棄したときのことを考えると、ヒトの産後うつ病や産後抑うつ状態との共通点があるように思う。体重の減少、表情の欠如、子どもの泣き声に反応しないなどといった特徴だ。そして、ヒトの産後うつに心理社会的要因が影響しているのと同様に、ミサキの育児放棄にも心理社会的要因があったと考えられる。

ミサキは、群れの大人のなかで一番年少、一番体が小さく、順位が一番下のチンパンジーだ。ハツカが生まれて、ミサキとハツカの母子が仲間のチンパンジーと合流した後、みんなそれぞれ新しい赤ちゃんに興味津々で、ハツカにかかわろうと入れ替わり立ち替わり迫って

育児放棄前のミサキとハツカ母子（中央），ジャンバ（左），ミズキ（右）

いた。その中で、ミサキは懸命にハツカを守りながら育てていた。しかし、肉体的にも精神的にも、ミサキにとっては負担が大きすぎたのかもしれない。それが、ミサキの精神的バランスを失わせる原因になり、結果として育児放棄に至ったのかもしれない。チンパンジーも高度な知性をもち、複雑な心的処理をおこなう動物である。その分、うつ症状に類似した心の病を患うことがあると考えても不思議ではない。

ミサキの育児放棄があった直後から、スタッフ一同で、最善の策、次善の策をとってきたつもりだ。しかし、事態は改善しない。ミサキは、子どもであるハツカが手を伸ばしてきて体に触れると、その手を振りほどいてしまう。スタッフが介入したり、あるいはミサキとハツカのふたりきりにして見守ったりと、あの手この手は尽くした。しかし、いくらハツカが泣き続けても、ミサキは無反応だった。

子育てにとって最も重要なのは、親と子の愛着なのだとあらためて感じた。ミサキは、ハツカに対する愛着心がすっかり切れてしまったようだ。われわれには、ミサキのまわりの環境を変えることはできても、ミサキの心の内からの愛着心を呼び起こす直接的な手立てはない。

ロイの攻撃と仲間意識

ハツカはまだ幼い。お母さんには育児放棄されたが、きちんとチンパンジーとして育ってほしかった。そこで、スタッフが介入して、母親をはじめとした仲間のチンパンジーと顔を合わせることをずっと続けた。ミルクをあげるなど、食事や世話は人間がおこなうが、チンパンジーとのかかわりをできるだけ絶やさないようにした。スタッフが介添えをして、他のチンパンジーと一緒に過ごす。ハツカと、相手のチンパンジーと、それぞれの状態に応じて時間を考えながら、1回あたり10分程度から長い場合は1時間以上、ハツカと他のチンパンジーの交渉を促した。続けるにつれて、そしてハツカの身体的成長につれて、ハツカと他のチンパンジーが仲良く遊ぶ姿も見られるようになった。

ところが、しばらくして、事件が起こった。私自身はその場に居合わせなかったので、目撃したスタッフの記録から書き記す。その日、不破さんがハツカを抱っこして、チンパンジーの屋外運動場に入った。そのこと自体は、過去に何度もおこなっていた。チンパンジーみんなにおやつをあげながら、ハツカと出会わせる。

運動場で、ハツカは不破さんから離れて、異母姉のナツキと遊び始めた。ナツキは、ハツ

ロイの攻撃が起こる直前，ハツカを抱いて移動しようとするナツキ

カをお腹に抱いて、チンパンジー用の鉄塔の上に登っていった。鉄塔の上でナツキとハツカは楽しく遊んでいたが、もしも何かあったときに困るので、不破さんはナツキとハツカを呼び戻そうとした。すると、ロイがナツキとハツカのほうに向かっていった。この時点では特に攻撃的な様子は見られなかった。ロイはナツキとハツカを呼び戻そうとしたのではないかと思われる。

ところが、ロイがナツキとハツカのすぐそばまで近づいたとき、あっという間に事態は一変した。あまりのことに、何が起こったのか、現場にいたスタッフも定かに理解できなかった。ただ、ロイがハツカに近づいたとき、ハツカがロイに対して忌避的な、あるいは攻撃的な態度を示したようだ。

その時点から、ロイはハツカに対して一気に攻撃を加え始めた。ハツカをつかんで振り回し、鉄塔の鉄骨にハツカを叩き付けた。ハツカに抵抗する術はなく、ただ振り回された。不破さんが急いで介入しに駆け寄った。ロイは、急に我に返ったように動きを止め、そして「キャー」と泣き声をあげながら、ハツカを手放して走り去った。ハツカは3メートル下の地面まで力なく落下した。

ハツカは、大腿骨《だいたいこつ》を骨折していた。しかし幸い、命に別状はなかった。所外の動物病院などの協力により、骨折の治療がおこなわれた。傷が治るにつれて、ハツカに再び元気な姿が戻ってきた。

ロイはなぜハツカを攻撃したのか。理由は明確ではないが、双方にとって仲間意識がなかったことが一番の要因だろう。ハツカは、母親に育児放棄された後の経緯から、ロイに対して仲間意識が希薄になっていたと思われる。ロイが迫ってきたとき、ハツカがロイに対して忌避的な、あるいは攻撃的な態度を示したのは、そのためだろう。ロイにとっても、ハツカは仲間のミサキが育てる子ども、というわけではなくなっていたのかもしれない。野生チンパンジーの男性は、自分と同じ集団の仲間ではないチンパンジーに対して、非常に激しい攻撃性を見せることがある。ハツカの行動が引き金になって、排他的な心的作用からロイの攻撃的な衝動が爆発したのだと考えられる。

加害者の心の傷

ハツカはケガをしてしまったが、そこで立ち止まりたくない。やはり、ハツカには、仲間のチンパンジーと一緒に暮らしてもらいたい。ハツカの骨折部位が癒合した折を見はからって、ハツカとほかのチンパンジーを会わせる「顔合わせ」を再開した。まずは、ガラス越しにハッカを見せるだけのところから始めた。

ロイ以外のチンパンジーには、事件の影響は強くは残っていないようだ。久しぶりにハッカを見ても、特に興奮する様子はない。しかし、ロイだけは違った。ハッカを見てすぐ、グリメイスとよばれる泣き顔をして、仲間に助けを求めた。それから、体が縮こまり、ブルブルと震え始めた。そうかと思えば、次には表情が強ばり、毛を逆立てて、攻撃的な誇示行動を始めた。

ロイがハッカを見た瞬間の反応は、予想外のものだった。少し経ってからの攻撃的な行動は理解できる。しかし、まず泣き顔になって体を震わせるロイの態度から、何らかの形で恐怖心に似た感情があったのに違いない。ハッカに対して単純に攻撃的な情動が喚起されるだけではないようだ。ロイにも精神的な傷があると考えたほうがよさそうだった。

ハッカを過去に攻撃したことは、ロイにとっては、擬人的に表現すれば「本意ではなかった」のかもしれない。もっと言えば、罪悪感のような感情があったのかもしれない。自分のとった行動に対してアンビバレントな感情が作用していたのだろう。そして、そうした過去の記憶がフラッシュバックすることで、心のバランスが崩れてしまったのではないか。ロイの心の中がどうなっているのか、正確には知る術がないので推測でしかない。しかし、行動を見る限り、「加害者」であるはずのロイに、心的外傷(トラウマ)が残っているように見えた。

心的外傷後ストレス障害(PTSD)という概念が広く認知されるようになったのは、ベトナム戦争から帰還したアメリカ兵の多くに、精神的後遺症が強く残っていたためである。つまり、残虐な行為をおこなった加害者側にも、トラウマが残ることがある。ロイの心の状態も、それになぞらえて考えることができるのかもしれない。

再び事件が

「顔合わせ」はその後も続けた。そして、再び、ハツカと他のチンパンジーを、スタッフの介入のもとで一緒に過ごさせた。ロイは、やはり不安定だった。ハツカの姿を見ると、パニックになって震え始める。それでも、回数を重ねるごとに、ロイの行動は落ち着きを取り戻した。心の傷は、癒えているかに思えた。ロイがハツカをくすぐって遊びに誘い、ハツカも笑い声を出すようになった。

しかし、事件は再度起こった。その事件の日、まずは室内で顔合わせをおこなった。ロイの態度は、とても穏やかだ。悪いことを感じさせる兆候は何もなかった。続いて屋外運動場での顔合わせをすることにした。ロイがハツカを攻撃した前回の事件が起こった場所である。あの事件以降はじめて、久しぶりの屋外運動場での顔合わせだった。

ロイをはじめとした仲間たちがみんなそこにいた。不破さんがハツカとともに運動場に入った瞬間、ロイの態度が一変し、急に目つきが険しくなった。そして、まさにあっという間に、ハツカを乱暴につかんで逃げていった。やがて、ロイはハツカを離し、別の方角に去った。ハッカは左足に裂傷を負っていた。ロイに噛《か》まれた傷だ。幸いにも比較的軽症で済んだ。

1回目の事件と2回目の事件がともに屋外運動場で起こったことには、強い関連性があるだろう。1回目の事件は、ナツキがハッカを抱いて鉄塔の上に登ったこと、ロイが近づくとハッカが敵対的な行動を示したことがきっかけで、ロイにとっては偶発的な外在要因による攻撃だったと思う。しかし、2回目の攻撃は、ロイの心の中にある1回目の事件の記憶が引き金になったのではないか。1回目の事件の記憶がフラッシュバックして、ロイは平常心を失ったようだった。


その後もいくつかの出来事があるのだが、紙幅の都合で省略する。紆余《うよ》曲折ののち、ひとまず、ミサキとハッカの母子は、再び24時間一緒に過ごすようになった。ただし、傍目《はため》には、親子というよりは年の離れた友達というのに近い気がする。仲良く遊ぶこともあれば、互いに本気でけんかをすることもある。

チンパンジーの母と子の絆。仲間同士の絆。強くてしっかりしたもののようで、実はもろく崩れやすいものなのだろう。愛着、仲間意識、排他的心理、ストレス、情動、過去の記憶、さまざまな要素が折り重なって作用する。そして、ひとたび平衡を失った心を元に戻すのは容易ではないことを実感した。そのことは、チンパンジーやヒトが高い知性をもつ心を獲得した代償なのかもしれない。

6 社会的知性はどう育つ

野生チンパンジーを見にアフリカの森へ

１９９６年12月、アフリカのギニア共和国に行った。野生チンパンジーを観察するためだ。大学院の1年生のときだった。指導教官の松沢哲郎先生に引率していただき、先輩の明和政子さんと一緒の旅だ。これまでの章で、チンパンジーのいろいろな行動を紹介してきたが、そうした実験的な場面でチンパンジーが見せる知的な行動は、本来はどういったものなのだろう。それを知るためには、何より、アフリカの野生の森でのチンパンジーの暮らしを知る必要がある。チンパンジーの知性は、アフリカの森の中で、どんなふうに生かされているのだろうか。

旅の主な目的は野生チンパンジーの研究だったが、私にとっては、それ以外にも勉強になることが多々あった。なにせ、私にとって初めての海外旅行だったから、見るもの聞くものがすべて刺激的だった。今では多くの人が若いうちに海外に旅行に出る。高校の修学旅行で海外に、という話も聞く。ただ私には、そうした経験はなかった。人生で初の海外旅行の行き先が、アフリカのギニア共和国、ボッソウ村だった。電気も水道もない僻地《へきち》である。現代日本の暮らしとは大きく違っていた。まずは、人が違っていた。私と、ボッソウ村の人とで、違う育ち方をしているのが明らかだった。チンパンジーを調査するために現地の人々と接すると、まずそのことを実感した。

森に根差した暮らし

ボッソウ村に着いた後、現地のガイド役の後ろをついて、森へと入っていく。チンパンジーを探すのだ。ガイド役のひとりは、グミ氏だった。私より少し若いくらいの年齢だ。まだ20歳前後のグミ氏は、森の中を静かに進んでいく。そして、森の中の何気ない風景から、チンパンジーの気配を読み取る。

彼は、道中ときおり説明をしてくれた。地面のこの草がこちら向きに少し倒れているから、チンパンジーがそこを通ったということだ、とか、緑の木の葉がここに落ちているから、この上の枝を伝ってチンパンジーが通って行った、とか。聞くとなるほどと思うが、聞くまでは私にはさっぱり見分けがつかない。いや、聞いても分からないことのほうが多い。草はそこらじゅうに生えているし、木の葉もそこらじゅうに落ちている。チンパンジーの通った痕跡と、そうでないものと、私の眼には見分けがつかない。だいたい、慣れない森の中で、私はグミ氏についていくのがやっとだった。

グミ氏はほとんどの場合において正しかった。的確に、チンパンジーのいる場所へと迫っていた。私が頑張ってあとをついて歩いていると、突然、「ほら、あそこにチンパンジーがいる」と教えてくれた。その指さす方向の遠方を、目を凝らしてじっと探すと、黒いチンパンジーが見えた。グミ氏は一瞬にして遠くのチンパンジーの存在に気づくが、私はかなり長い時間をかけて探さなければ分からなかった。グミ氏より先に私がチンパンジーを見つけることはなかった。

ボッソウ村

ボッソウ村の人々は、森に根差した暮らしをしていた。だから、森のことに非常に詳しい。そして、森のささいな変化を感じることができる。電気も水道もない村で、森とともに生きていくために必要な能力を、現地の人たちは生まれてからの経験の中で身につけている。私にはそれがない。だから、現地の人なら瞬時に察知できるささやかな森の景色の変化が、私にはさっぱり見えない。

ボッソウ村周辺でのチンパンジーの長期研究は、杉山幸丸先生によって始められた。１９７６年のことだ。

そのとき、杉山先生のガイド役を務めたのが、グミ氏だった。私のガイドをしてくれたグミ氏の父だ。父親グミ氏も、森の気配を読み取ってチンパンジーを探すのに長《た》けていた。森のいろいろなことを知っていた。息子グミ氏は、森の知識を、親から子へ、世代から世代へと受け継いで育ったのだろう。

環境によって違うこと、変わらないこと

私にとってボッソウ村の暮らしが驚きの連続だったのと同様に、ボッソウ村の人々が日本に来たら、その暮らしの違いに驚くに違いない。携帯電話で会話をし、パソコンでメールのやりとりをする。地下鉄であちこち移動し、カードで改札を通過する。現代日本人にとってみればすっかり当たり前の行動パターンになっているが、それをまったく知らずに育った人たちからしたら、驚きの世界に違いない。ボッソウでは学校教育がまだ完全に普及していないので、携帯電話やパソコンはおろか、文字を習わないまま大人になった人も多い。

私のはじめての野生チンパンジー調査は、このように、人間について考えさせられるよい機会だった。同じ人間でも、環境によってこうも違う。自分にはまったく分からないことが、相手にとっては当然のことのようにできてしまう。育ち方と経験によって、まったく違う能力を身につけることになる。

ただ、やはり同じ人間である。そうも思った。見かけは違う形で表れているかもしれない

が、その根っこは共通しているところがある。本書のテーマである社会的知性についてもしかり、だ。

ボッソウ村の人々と私とで、母語も違うし、考え方も違うところがある。しかし、チンパンジーを探すという共通の目標をもって、協調して行動することができる。第1章で紹介した、協力だ。その基盤には、第3章で紹介したような、他者の行動の意図を理解したり、感情を理解したりという能力がある。ガイドたちは、たまには楽してガイド給料をもらおうと小さな嘘をつくこともある。第1章の後半で、あざむきについて紹介したが、嘘をつくのも社会的知性のなせる業である。ボッソウの人たちは森の知識を親の世代から学んで身につける。そこには、第2章で紹介した、社会的学習の能力が使われている。

社会的知性は、人間が社会の中で生きていくうえで不可欠のものである。野生チンパンジーを調査するために行ったボッソウ村で、チンパンジーを見る前に、まずは現地の人たちと接してみて、あらためてわれわれの暮らしが社会的知性によって成り立っていることを実感した。

野生チンパンジーの暮らし

チンパンジーの調査の話に戻ろう。ここまで、チンパンジーとはそもそもどんな生き物なのかということをあまり説明してこなかった。せっかく本書を読み進めてくださっているみなさんに、チンパンジーのことをもっと知っていただきたい。多少遅まきではあるが、野生チンパンジーの暮らしを紹介することにしたい。

チンパンジーは、アフリカにすんでいる。主に赤道付近の森林地帯がその生息域だ。森の木々には、いろいろな果実が実る。チンパンジーの好物は、これらの果実だ。日中の約半分を樹上で過ごし、樹上になる果実を求めて移動しては食べ、また移動しては食べるという暮らしをしている。ただし、食べるのは果実だけではない。葉っぱや花、草本の茎なども食べる。さらには、シロアリなどの昆虫を食べることもあるし、他の小型哺乳類を捕まえてその肉を食べることもある。

日中の約半分を樹上で過ごす

つまりは雑食性だ。

夜はベッドを作って眠る。木の上で、枝葉を折り曲げる。たくさんの枝葉を折り曲げて重ねていく。そうすると、丸いクッションのような、枝と葉のベッドが出来上がる。大人のチンパンジーはとても手際よくベッドを作る。5分もあれば十分だ。毎日夕方、木の上で自分専用の枝葉のベッドを作ってその中で眠る。

野生チンパンジーの社会

チンパンジーは、集団を作って暮らしている。少ない場合は20個体前後、多い場合は150個体程度で、ひとつの集団を作る。ただし、集団の全員が一緒にいるということはまずない。少ない個体数の小集団に分かれたり、あるいはまったくひとりで移動したりする。そして、同じ集団のメンバー同士で、森の中で出会ったり別れたりしている。こうした社会を、離合集散の社会とよぶ。文字通り、離れたり合流したり、集まったり散ったり、ということだ。

離合集散をするなかで、チンパンジーたちは頻繁にあいさつを交わす。しばらく離れていたチンパンジーたちが出会うと、抱き合ったり、キスをしたり、あるいは体の一部を軽く触れたりというような、友好的な行動をおこなう。これがあいさつ行動だ。互いに敵同士ではない、仲の良い関係であるということを再確認する意味があるのだろう。

チンパンジーがおこなうあいさつ行動の中でもっとも目立つのは、パントグラントという音声をともなう行動だ。「ゴゴゴゴ」というような声を出しながら、身をかがめて、一方のチンパンジーが他方のチンパンジーに近づいていく。順位の低いチンパンジーが順位の高いチンパンジーに対しておこなうあいさつ行動である。特に男性のチンパンジーには厳格な順位がある。それから、すべての女性は、すべての大人男性より下の順位になる。

仲間と一緒に暮らしていると、どうしても争いごとが生じる。食べ物を巡ってケンカになったり、女性を巡って男性が争ったりする。そうやってケンカが起こった後には、仲直りする。ケンカの当事者たちが、再び接近して、軽く触ったり毛づくろいしたりして、友好的な関係を修復するわけである。ケンカに直接かかわらなかったチンパンジーが、なぐさめ行動をすることもよくある。ケンカに負けて落ち込んだ素振りを見せるチンパンジーに近寄って、たとえば肩を抱き寄せたり、人間がやるのと同じようななぐさめ方をするのである。

野生チンパンジーの社会は、複雄複雌の集団である。男性も複数、女性も複数いる。そして、父系社会である。男性は基本的に生まれた集団に一生とどまり、女性は成熟すると別の群れに出ていく。こうやって、父と娘が同じ集団で近親交配をすることを避けていると考えられる。チンパンジーの社会は、父系でつながった拡大家族のようなものだと考えられるだろう。老若男女、異なる世代の個体が入り混じって暮らしている。

野生チンパンジーでは、第5章で紹介したような育児放棄は起こらない。自分が子どもを産む年齢になるまでに、多様な社会的経験を積むことができるのがその要因だろう。年長から年少まで、いろいろな年代の仲間とつきあうことになる。当然、妹や弟の面倒も見ることがある。そうして十分に経験を積んで大人になると、子どもを育てるのに必要なスキルを自然と身につけることになる。

子育ての練習

私がボッソウのチンパンジーたちを観察している間に、面白い出来事があった。ある若い女性チンパンジーが、別の生き物の世話をしたのである。私の3回目のボッソウ調査の時のことだった。

茂みの中から、チンパンジーの興奮した声が聞こえてきた。続いて、ヨロという名のチンパンジーの男の子が現れて木に登って行った。手に何かを持っている。ハイラックス、和名イワダヌキとよばれる小型の哺乳類だ。まだ生きている。ヨロは、ハイラックスを持って乱暴に振り回し始めた。やがて、手を滑らせて、ハイラックスを茂みに落としてしまった。

茂みから、別のチンパンジーが出てきた。ブアブアという名の女の子だ。ハイラックスを持っている。このときはもうハイラックスは動かなくなっていた。ブアブアはそれでも、大事そうに抱えて、木から木へと移

ハイラックスを手にしたまま移動するブアブア

動を始めた。道中たまに休憩する。そのとき、ハイラックスを毛づくろいしたりした。ブアブアはそのまま夜までハイラックスを手放さなかった。夕方になると、自分用のベッドを作って、ハイラックスと一緒に寝た。翌朝見ると、ブアブアはまだハイラックスを持っていた。あいかわらずたまに毛づくろいしたりした。

この日、やがて手放したが、2日にわたって、ブアブアはハイラックスの世話をしたことになる。人間でいうところの、お人形遊びのようなものかもしれない。ブアブアはこのとき、大人になる一歩手前だった。大人になる前に子育ての練習をした、ということなのかもしれない。

仲間に会ったらあいさつをする。ケンカをしたら仲直りをする。年下の面倒をみる。そしてやがては子どもを育てる。こうして彼らの日常の中に、社会的知性が発揮されている。社会的知性は、何も特別すぐれたことをするためのものではない。ふだんの社会生活の中で、さりげなく使われているものなのである。ボッソウの森でチンパンジーを見て、確かにそう感じた。

チンパンジーを見て人間を考える

アフリカの森の中で、チンパンジーは社会で生きていくために必要なことを自然に学んでいる。親や、おじいさんおばあさんが手本になる。子ども同士で遊びながら、他者とのつきあい方を覚える。

言い換えれば、経験と学習が必要だ、ということでもある。たとえば、動物園や研究所で飼育されたチンパンジーで、仲間がおらず、生まれて間もなくからひとりだけで過ごした場合、社会性に問題が生じることが多い。あいさつができない。ケンカをしても仲直りをしない。だから、他のチンパンジーと一緒になっても、うまくやっていけない。そして、子育てができない。本書でここまで見てきたように、チンパンジーは高い社会的知性をそなえている。しかし、それが適切に発揮されるには、それ相応の経験が必要だということだ。

ひるがえって人間の現代社会を見てみると、社会に問題を抱えていることに気づかされる。いじめ、ひきこもり、子どもの虐待。社会の中で、人と人、親と子どものかかわりに問題が生じている。

ただしこれらは、何も今に始まったことではないのかもしれない。はるか昔、ヒトとチンパンジーが分かれる前から、そしてさらにずっと前から、霊長類は集団を作って仲間と一緒に暮らしてきた。仲間が集まった時点で、社会的な問題が生じた。誰とどう付き合うのか。競合した場合にはどう振る舞ったらよいのか。協調するにはどうしたらよいのか。そうした社会的な問題を解決するのは、容易なことではなかった。だからこそ、社会的知性が重要になった。そして、だからこそ、社会的知性を原動力として、知性が進化してきたのかもしれないのだ。

社会的知性を考えるうえで、3つのポイントを主張したい。ひとつめは、社会的知性が「知性」である、という点だ。知性には様々な側面があるという主張がある。言語的知性、論理数学的知性、空間的知性などである。社会的知性も、その一つだ。しかし、一般には、社会的知性が「知性」として意識されることは少ないのではないだろうか。状況に合わせて、うまく他者と関係をもつ。そのためには、まぎれもなく「知性」が使われているのである。

2つ目のポイントは、経験と学習が重要だという点だ。たとえば、言語や数学が知性の側面であるというのは理解しやすい。そして、こうした知性を伸ばすには、経験と学習が必要だということも十分知っている。だからこそ、学校で子どもを教える授業があり、テキストがあり、勉強をする。確かに、社会性も、学校で教わることに含まれる。道徳の時間がこれに相当するだろう。しかし、数学や国語と違って、社会的知性は、テキストを読んで勉強するというのにはなじまない。社会的知性を伸ばすためにドリルで鍛えてペーパーテストで評価するというたぐいのものではない。やはり、実際に他者とかかわることを通して学ぶことが必要だ。

3つ目のポイントは、社会的知性が進化の産物であるということだ。体も心も、生命の誕生以来、長い進化の過程で形成されてきたものだ。ヒトとチンパンジーは、その生命の歴史を、つい最近まで共有してきた。だから、社会的知性においても多くの特徴を共有している。もちろん、違うところもある。ヒトとチンパンジーは違う生き物であり、違う社会を作っている。第4章で見たように、ヒトとチンパンジーの脳の発達は、すでに胎児期から違う。脳の違いは、当然ながら、知性の違いへとつながっているはずだ。それぞれの社会的知性は、それぞれの種がそれぞれの社会で生きていくためにふさわしいようにできているだろう。

チンパンジーの社会的知性は、チンパンジーの社会で生きていくのにふさわしいようになっている。それは、約20個体から150個体までの個体数からなる離合集散の社会であり、世代の異なる老若男女がいる社会である。ヒトの場合も、その社会的知性は、ヒトの社会にふさわしいようにできているはずだ。しかしそれはおそらく、人類が登場したときの社会だろう。初期人類は、現在のチンパンジー社会とそんなに変わらない個体数からなる集団で生活をしていたと推測できる。

ヒトの社会は、それから劇的に変わった。見ず知らずの膨大な数の人がすれ違い、入り混じって暮らしている。直接顔を合わせずインターネットを介してコミュニケーションをするようにもなった。ヒトの社会的知性は、こうした変化についていけているだろうか。

もちろん、知性は、新しい状況にも対応できる柔軟性をそなえている。チンパンジーも、第1章で見たように、野生の暮らしでは経験しないような実験的な協力や競合の場面で、見事に対応することができた。ヒトの社会的知性も、現代の新しい状況に対応できる柔軟性をそなえていると信じたい。

しかし、初期人類の社会から大きく変わった現代日本で平和な社会を実現するためには、社会的知性が「知性」のひとつであり、それをうまく発揮させるには経験と学習が必要であり、そしてそれは進化の産物だということを、より一層自覚的に意識する必要があるのかもしれない。

おわりに

チンパンジーたちは何を考えているのだろう。それを知ることを通じて、人間の理解を深めたいと思った。そして、社会的場面でのチンパンジーの振る舞いに主眼をおいて研究を続けてきた。その結果、彼らの社会的知性が、確かに見えてきた。ヒトと似ているところもある。違うところもある。ヒトのように言語をもたないが、チンパンジーにはチンパンジーなりの思考がある。

では、チンパンジーの知性を知ることは、何の役に立つのか。正直に言って、直接役に立つわけではない。チンパンジーの社会的知性を解明してもお金もうけにはならないし、われわれの暮らしがすぐに便利になるわけでもない。

ただし、まったく無益ではないはずだ。少なくとも私はそう信じている。ヒトという存在を生物学的視点から捉えること。そうすることによって、豊かで平和な社会の実現と、そのための社会制度の設計に一定の指針をもたらしてくれるものと思う。

研究を通じて、日々チンパンジーたちと付き合ってきた。そうすると、ヒトは霊長類の一種である、ということを素朴に実感できる。研究の合間に、チンパンジーたちとよく遊んだ。追いかけっこをしたり、レスリングをしたり。些細なすれ違いでケンカもした。ケンカの後には仲直りした。そうした付き合いによって、なんとなく、チンパンジーの行動パターンも見えてきた。チンパンジーとヒトで似ていて共感できるところもあるし、いまだによく分からないところもある。チンパンジーにはチンパンジーの流儀がある。それは、ヒトにはヒトの流儀がある、ということの裏返しでもある。ヒトはヒトなりの、生物としての制約のなかで考え、感じ、生きている。そのことを自覚的に、客観的に、科学的に理解することは、私たちの未来を考えるうえで必要不可欠なことだろう。

本書の締めくくりに、謝辞を申し上げる。私が大学院生としてチンパンジー研究の道を歩み始めたときから、松沢哲郎先生、友永雅己先生、田中正之先生には丁寧にご指導いただいた。この本で紹介した研究などを通して、鈴木修司、川合伸幸、森村成樹、落合知美、上野有理、水野友有、中島野恵、大橋岳、打越万喜子、伊村知子、道家千聡、魚住みどり、林美里、松野響、足立幾磨、マウラ・チェリ、クラウディア・ソウザ、ドラ・ビロ、熊崎清則、前田典彦、南雲純治、酒井道子、大藪陽子、明和政子、藤田志歩、伊谷原一、佐藤信親、川嶋文人、不破紅樹、洲鎌圭子、関根すみれな、難波妙子、松本紀代恵、法貴千晴、楠木希代、田代靖子、座馬耕一郎、井上紗奈、藤田心、石田有希、宮下知佳子、遠迫史織、重見暢子、立畠敦子、山本真也、竹下秀子、酒井朋子、長谷川寿一、開一夫、松田剛、平井真洋、福島宏器、狩野文浩、藤田和生、板倉昭二、長野邦寿、寺本研、鵜殿俊史、上坂博介、森裕介、那須和代、藤澤道子、齋藤亜矢、野上悦子、廣澤麻里、マイケル・セレスの各先生、研究員、事務担当の方々にお世話になった。

それからもちろん、本書で紹介した研究に参加してくれたチンパンジーたち、ゴン、プチ、アイ、アキラ、マリ、ペンデーサ、ポポ、パン、クロエ、アユム、クレオ、パル、ロイ、ジャンバ、ツバキ、ミズキ、ミサキ、ナツキ、ハツカ、イロハにこの場を借りてお礼を言おう。岩波書店の浜門麻美子さんには、本書の執筆の機会をいただき、そして出版に至るまで親切に面倒を見ていただいた。

本研究は、京都大学霊長類研究所と林原類人猿研究センターでおこなったものである。科学研究費補助金の支援を受けた(18700266, 20680015, 23300103, 24650134, 20002001, 24000001, 20220004, 20330154)。なお、本書は、筆者がこれまでミネルヴァ書房の季刊誌『発達』の連載「霊長類の比較発達心理学」で書いてきたことを土台にして、新たに書き下ろした話題を交え、あらためてまとめたものであることを申し添えたい。

最後に、ここまで育ててくれた父・進と母・治子、それから妹・ゆかり、娘・十羽、そして本書のゲラ刷りの段階で第2子の臨月を迎えた妻・加奈子にはあらためて深謝したい。

2013年7月

平田　聡

平田 聡

1973年生まれ，広島県出身．1996年京都大学理学部卒業，2001年京都大学大学院理学研究科博士後期課程修了．博士(理学)．

日本学術振興会特別研究員，林原生物化学研究所類人猿研究センター主任研究員・主席研究員，京都大学霊長類研究所特定准教授をへて，2013年9月より京都大学野生動物研究センター教授．

専門は霊長類学，比較認知科学．ヒトとチンパンジーの比較を通して社会的知性の起源を研究している．

日本霊長類学会高島賞，日本心理学会国際賞，日本学術振興会賞，日本学士院学術奨励賞を受賞．

岩波 科学ライブラリー 214
仲間とかかわる心の進化
——チンパンジーの社会的知性

2013年10月4日 第1刷発行
2015年 6 月5日 第2刷発行

著 者 平《ひら》田《た》 聡《さとし》

発行者 岡本 厚

発行所 株式会社 岩波書店
〒101-8002 東京都千代田区一ツ橋 2-5-5
電話案内 03-5210-4000
http://www.iwanami.co.jp/

印刷・理想社 カバー・半七印刷 製本・中永製本

ISBN 978-4-00-029614-4 Printed in Japan

●岩波科学ライブラリー〈既刊書〉

233 太田英伸
おなかの赤ちゃんは光を感じるか
生物時計とメラノプシン
本体一三〇〇円

胎児は「脳」で光を感じて〈生物時計〉を動かしている。近年発見された明暗情報を脳に伝える光受容体メラノプシンと睡眠・成長の関係を明らかにした著者らは、早産児の発達を促す「調光保育器」を開発した。[カラー口絵1丁]

234 佐々木正人
新版 アフォーダンス
本体一三〇〇円

眼だけで見ているのではなく、耳だけで聞いているのでもない……？ 人工知能からアートまで、多分野で注目を集めるアフォーダンス理論の本質をわかりやすく解説。ロングセラーに20年ぶりの大改訂を加えた決定版！

235 山内一也
エボラ出血熱とエマージングウイルス
本体一二〇〇円

過去に例を見ない大流行となったエボラ出血熱。ウイルスハンターや医師たちの苦闘の歴史を振り返りつつ、なぜ致死率90％と高いのか、治療や予防法はあるか、日本は大丈夫か、などエボラ出血熱の現在を紹介する。

236 牧野淳一郎
被曝評価と科学的方法
本体一三〇〇円

原発事故後、発表されるデータの解釈が被害を過小に見せる方向にゆがんできた。公式発表を鵜呑みにするのではなく、自ら計算する科学的方法を読者に示し、適切な被曝被害評価がどのようなものになるのか明らかにする。

237 藤田祐樹
ハトはなぜ首を振って歩くのか
本体一二〇〇円

いったい、あの動きは何なのか。なぜ一歩に一回で、なぜ、カモは振らないのか……？ 古くて新しいこの謎に本気で迫る、世界初の首振り本。同じ二足歩行の恐竜やヒトまで登場させて、生きものたちの動きの妙を心ゆくまで味わう。